U0079613

大樂文化

大樂文化

大樂文化

懂一點醫藥學健康養生50年

連醫生都想知道的35個長壽祕訣！

秋津壽男◎著　黃瓊仙◎譯

長生きするのはどっち？

CONTENTS

CONTENTS

推薦序

想要健康長壽，應開放心胸、多元思考

名醫醫美診所醫師、中華民國螯合療法醫學會理事長／劉大元

這本《懂一點醫藥學，健康養生50年》，提供我們對醫療與養生行為——飲食、用藥、看病等不同面向的新觀念。

人們常說藥食同源，吃藥與飲食觀念相同，絕對不是單純靠藥理學和營養學的學理來決定，學理只是提供一個大方向，患者或消費者之間的個體差異是很大的。例如，生機飲食的觀念與方向是正確的，但最近新聞報導某位醫師每天喝精力湯後

暴瘦，健康出現極大問題，結果證實為「食物過敏」所造成，這就是個體差異。如何在第一時間分辨出個體差異，這是大家要努力學習的方向。

最近政府放寬農藥及塑化劑的管制標準，市場上出現戴奧辛雞蛋，因為從外觀上難以分辨，這突顯出食安問題的嚴重性。還有，保健食品真的有益健康嗎？如果學會使用「○環理論」或「能量檢測」，來選擇適合自己體質的食品，自然可以淘汰前述有毒的食品，這是區別個體差異最好的方法。找到對的食物，一定能促進自身與家人的健康。

此外，到底看病要到大醫院還是小診所呢？其實，醫師本身的醫術與醫德才是最重要的。一位好的醫師會學習更多元廣泛的醫療方式，在臨床上靈活運用來利益眾生。當患者都選擇好醫師時，自然能激勵醫師們走出象牙塔，去探索更浩瀚無涯的醫療世界，並傳達給大眾正確的飲食、養生及用藥的觀念。

關於現代人最害怕的健康議題——猝死，事實上，老天爺不會不給人們警訊，只是大家都忽略這個訊息，或是以不同的理由逃避罷了。猝死好發在心血管與腦血管疾病上，動脈硬化高居十大死因榜上，絕對是我們最應該重視的健康議題。想改善動脈硬化，不是光服用降高血脂藥物、阿斯匹靈等，應該還有其他的醫療方法。這是我們一直在努力研究的方向，也不斷從臨床與嚴謹的人體實驗上看到令人欣喜的成果，期盼主流醫學能朝這個方向一起前進。

前言

坊間流傳的資訊令人短命，日本超級醫生教你真正的長壽祕訣

冒昧問各位一個問題：一直以來，**猝死率最高的運動**是什麼？

答案是**跑步**。

聽到這個答案時，應該有人會想：「跑步不是有益健康的運動嗎？這答案真是令人意外。」那麼，再請問各位，跑步有益健康的理由是什麼？

你的答案是什麼呢？能夠舉出任何一個明確的理由嗎？

恐怕說不出來吧？

大多數人只是覺得跑步似乎有益健康，於是開始跑步。其實，以醫師的觀點來看，如果要推薦大家做運動，絕對不會推薦跑步。

尤其是近來人們的健康意識高漲，有些人習慣進行晨跑運動，可是如果你持續這樣的習慣，恐怕會有猝死的危險（詳情參考本書第三章）。

此外，還有一個例子也是相同情形，那就是有人會為了健康而去洗三溫暖，尤其男性的比例特別高。大多數人去洗三溫暖的目的，應該都是「希望能流汗變瘦」、「流汗等於排毒，有益健康」。然而，這些全是毫無根據的說法。

站在醫師立場而言，**三溫暖是百害而無一利**，不過是多數人都誤解的健康神話罷了。而且，除了前面提到的健康法外，許多人對於偏頗或以訛傳訛的健康資訊，竟都不假思索的信以為真。比方說以下的觀念：

- **吃藥，最好是選擇對身體較為溫和的中藥。**

中藥對身體比較溫和是錯誤的說法，其實中藥也有明顯的副作用。

● **要動手術時，到「值得信賴的醫院排行榜」第一名的醫院才安心。**

但那家醫院有可能指派資歷尚淺的醫師動手術。

● **罹患癌症最好置之不理，反正無法治癒，也不需要做什麼麻煩的健康檢查。**

其實大多數的癌症，只要透過健康檢查早期發現、早期治療，治癒率將高達九成。

為什麼許多人不假思索的相信錯誤或偏頗的資訊呢？理由之一是近幾年資訊量激增。由於人們開始關注養生議題，社會健康意識抬頭，與醫療保健有關的資訊像洪水般，每天入侵我們的生活。

很遺憾的，其中大多數的資訊「儘管見解沒有錯，但過於偏頗」，或者「把錯誤訊息當成正確資訊流傳」，實在令人困惑。雖然其中也有經過科學檢證的正確資訊，但它們多半內容枯燥乏味，無法引起社會大眾注意。

現代人往往不經思考，就深信所接收的資訊。於是，**明明是為了追求健康而採用的方法，卻使得壽命減短了**。

本書提出三十五個與健康有關的問題，請各位先針對問題思考自己的答案，再繼續閱讀，如此一來，將深刻感受到自己以前相信的健康觀念錯得多麼離譜。而且，在看完本書後，將學會質疑「資訊是否正確」的重要性，並掌握正確資訊，朝著健康長壽之路邁進。

那麼，趕快來看看第一個問題吧！

感覺身體不爽快，要去附近診所還是大型醫院？

第一章

去醫院看病前，你必須具備7個醫療常識

Q1

感覺身體不爽快，要去附近診所還是大型醫院？

當你覺得身體有點不舒服，會選擇到什麼樣的醫療院所呢？有人會選擇離家近的診所或醫院，有人會選擇公立或私立的綜合醫院，也有人會選擇大學附設醫院。那麼，究竟去哪裡才是正確選擇呢？在公布正確答案前，首先針對醫療程序做個說明。

在日本，醫療行為分為三個層級：門診的「一級醫療」；住院、檢查或手術等的「二級醫療」；執行尖端醫療行為的「三級醫療」。醫療院所的類型依照以下層級分類：

- 一級醫療：地區醫院、診所。
- 二級醫療：區域醫院、聯合醫院。
- 三級醫療：獲得國家認可的大學附設醫院，或癌症研究中心等的特定功能醫院。

當你身體不舒服時，請先到地區醫院或診所接受一級醫療，必要時醫師會介紹適合的二級、三級醫療院所。換句話說，**當你感冒或身體不適時，馬上去聯合醫院或大學附設醫院看病，是錯誤的行為**。（編註：在台灣，衛福部將醫療制度分為四級，大力提倡民眾改變就醫習慣，以提升效率，促進醫療機構提供的服務內容差異化與分工合作。）

每家醫院都有其對應的醫療層級。如果是聯合醫院或大學附設醫院，院內會有可提供病患做手術或精密檢查的尖端設備，然而大醫院患者人數眾多，醫師較難仔細察覺每位病患身體的變化。

相較之下，地區醫院或診所的患者人數有限，醫師比較能察覺病患「比之前瘦」等的身體細微變化，可以早期發現是否罹癌。對於能預防疾病或是早日發現病灶等的一級醫療行為，地區醫院或診所是非常合適的選擇。

然而，若是需要進行手術，一級醫療的醫師（也就是所謂的家庭醫師，在此指經常為你看病的醫師）便扮演重要角色。當你需要動手術時，最重要的關鍵就在於，家庭醫師能否為你介紹「頭腦聰穎技術佳、人品卓越的醫師」。不論是要轉診到大學附設醫院或公立醫院，家庭醫師一定都能幫你介紹，開刀技術值得信賴的醫師或是醫療機構。

因此，當你發現身體有異狀時，請先去適合一般醫療的地區醫院或診所看病。

A1

平常身體不舒服時，先去地區醫院或診所看病。如此一來，即便是罹患重病，也能提高早期發現的機率。當你需要手術時，家庭醫師也會介紹值得信賴的醫師或醫院。

Q2

不得不動手術時，該到大學醫院還是地區醫院？

前述提到需要動手術時，可透過家庭醫師介紹值得信賴的優秀醫師，但或許有人會說：「我還是無法完全信任他介紹的醫師……。」「一直找不到值得信賴的家庭醫師……。」這時，請參考以下兩個重點，來選擇醫院及醫師。

①手術的困難度。

②醫師的年齡。

首先關於手術的困難度，如果是經過簡單手術就能治癒的疾病，不建議至大學附設醫院開刀，因為大學附設醫院是培育學生的園地，為了讓學生熟悉技巧，院方會將像是盲腸、鼠蹊部疝氣、痔瘡等簡單手術，交給資歷尚淺的醫師或實習醫師來處理。

雖然這類手術不至於發生醫療疏失，但為了你的身體著想，還是選擇由風評佳的中型區域醫院或診所進行比較好。此外，像是慢性硬腦膜下出血之類的腦外科手術、四肢一般性骨折等骨科手術，也建議找風評佳的中型區域醫院或診所進行。

相反的，若是重症或難度高的手術，就要到大學附設醫院或是公立聯合醫院。這個層級的醫院等同於研究機構，院方會使用最新儀器等尖端療法，來治療重症或是進行心臟、腦部等的大手術。

接著是關於醫師的年齡，**技術佳、有經驗醫師的年齡通常在四十歲左右**。如果在大學附設醫院，大多是助理教授級的醫師；在中型地方醫院，則是科主任級或部主任級的醫師。他們正處於經驗最豐富、技術到達顛峰的時期。

如果是比四十歲還年輕的醫師，可能經驗有些不足。如果是比四十歲年長許多的醫師，多數已經不在第一線實際執刀了。因此，從經驗及實務兩方面綜合來看，四十歲左右的醫師正處於醫術生涯的最高峰。

不過，醫院的氛圍和醫師個性是否與你契合，以及是否由你希望的那位醫師執刀，必須在手術前親自到醫院確認。實際到所選的醫院察看，萬一你覺得該醫院的檢查設備不佳，或是對醫師沒有信任感，甚至無法由你希望的醫師執刀時，就要考慮換醫院。

尤其是服務或結帳櫃檯等行政人員口氣不佳、態度惡劣的醫院，通常缺乏醫療誠意、做事馬虎，為了你的身體著想，還是別在這種機構進行手術。

絕對不要相信排行榜

在選擇醫院時，絕不要片面相信雜誌或網路所刊載的醫院排行榜或評價。這類排行榜是醫療記者或編輯，參考各家醫院交給厚生勞動省的癌症手術成績資料所做的排名。（編註：日本在二〇〇一年時中央省廳再編，將厚生省與勞動省合併為厚生勞動省，負責處理醫療、勞動政策、社會保險、公積金等行政作業。相當於台灣的內政部社會司加上勞委會。）

在此提醒各位，**手術排名成績佳，不代表該醫院擁有開刀技術卓越的醫師**。有的醫院會積極受理難度高的手術，相對的，也有醫院只選擇簡單容易治療的病例，而將重症病患轉介給其他醫院。結果，後者的手術成功率當然會有九八％的好成績，然後成為排行榜的第一名。也許，排行榜名次位居後面的，才是真正手術技術較佳的醫院。因此，排名後段的醫院可能遠比排名前段的，擁有更多醫術好的醫師。

此外，千萬不要隨意相信網路評價。網路上不好的評語或留言都可以被刪除修改，還有人會假裝是患者給予好的評價，這種事屢見不鮮。所以，這些網路資訊不足以採信。

A2

不要以規模或排名來挑選動手術的醫院，請務必依據手術難度來選擇，還要先進行實地察看。此外，也要留意負責執刀的醫師年齡。

Q3

「健檢顯示有異常」與「醫院再檢查沒問題」，該相信哪個？

大多數人應該都曾有過這樣的經驗：「我做健康檢查時發現異常，於是到醫院進行詳細檢查，結果卻是正常沒問題。到底該相信哪一個檢查報告呢？」

很多人常在看完報告後心想怎麼會這樣？其實，醫院檢查的正常值標準，與各地方政府或企業舉辦的健康檢查並不同。上述這類健康檢查的目的，是為了找出可能患病的人，所以標準遠比醫院嚴格。因此，當你在公司做健康檢查時發現異常，再到醫院檢查後，報告結果往往都會在正常值範圍內，沒有什麼問題。

比方說空腹時的血糖值正常範圍，根據糖尿病學會製作的《以科學為依據的糖尿病診療指南二〇一三》，數值標準是一一〇mg／dl以下。如果數值在一二六mg／dl以上，會被診斷為糖尿病。不過，健康檢查時數值超過一一〇mg／dl，或是像一〇一mg／dl這般低，都有可能在報告上被註記「疑有糖尿病」等字樣。

這樣的情況在癌症健檢更常見。比方說，前列腺癌腫瘤標記（PSA，藉由檢測血液中含有多少特異物質，發現有無腫瘤及腫瘤成長程度的檢查），癌症健檢的正常值是一．〇ng／dl，數值在一．〇以下沒問題，一至五則需留意，超過五就會建議接受泌尿科專業醫師檢查。

因此，若健康檢查報告數值超過一．〇，會囑附要留意並進行追蹤檢查。若到醫院檢查後報告結果是三．九，而醫院的標準值是四．〇ng／dl，醫師會告訴你沒問題。

健康與否的關鍵不是現在，而是過去

那麼，「健康檢查報告數值異常」與「到大醫院檢查沒問題」，到底該相信哪一邊的結果？

其實，建議你將兩邊的結果當做參考就好。重點在於，不要對報告結果感到喜或憂，而是要比較過去與現在的資料。**比較自己的過去與現在，才是發現自己身體哪裡變差的最佳方法**。

舉例來說，血糖的健檢結果是「需再檢查」，到了醫院再檢查後的數值是一一五mg／dl，被診斷為「沒有異常」。倘若這個數值與去年的一樣，就沒問題；假如去年的數值是一〇〇mg／dl，要仔細想想數值變高的原因，務必改善生活習慣。如果知道報告結果沒有異常就掉以輕心，仍舊維持以往的生活習慣，明年很可能成為真正的糖尿病患者。

此外，在為了發現胰臟癌或膽管癌而做的 CA19-9 腫瘤標記檢查中，我有位患者每次檢查的數值都是六〇U／ml。這項檢查的正常值是三七U／ml以下，即便幫這位患者做了電腦斷層掃描等檢查，也沒有發現腫瘤。就這位病患的情況而言，他的檢查報告一直維持在一定的數值，所以他的正常值就是六〇U／ml。

因為每個人的情況不同，如果想得知自己的身體是否異常，唯一的方法就是與自己過去的資料做比較。人絕對無法回到過去，過去的健檢結果花再多錢也買不到，可以說是相當珍貴的。

即使健檢報告顯示身體各項數值都沒有異常，也絕對不要看過就丟棄，務必妥善保管每次的健檢資料，並且每年進行比較。

A3

不需要對健康檢查的結果或是再檢查的結果，感到歡喜或憂慮。重要的是比較自己現在與過去的資料，務必留存每一年的診斷結果。

Q4

對付癌症，要「早期發現與治療」還是「放任不管」？

目前市面上否定醫療的書籍盛行，關於癌症需不需治療的說法，分成以下兩派主張：「早期發現毫無意義，癌症本來就沒有治療的必要」與「癌症絕對要早期發現、早期治療」。兩派說法彼此壁壘分明，爭論不已。

我個人支持後者的看法，可是我無法否定，的確有些癌症不要治療比較好。對於不明之處甚多的癌症，由於尚未發明積極治療的方式，因此無法完全否定不接受治療是錯誤的。相反的，完全否定早期發現、早期治療，也是不對的。

其實，像是胃癌、肺癌、大腸癌、乳癌、子宮頸癌等癌症，早期發現、早期治療的話，近九成的人幾乎都能痊癒。假如將上述癌症的患者全都置之不理，然後其治癒人數還能跟早期發現、接受治療一樣接近九成，那當然是沒問題。

只是很遺憾的，關於「不需要早期發現、早期治療」的說法，並沒有確切的證據顯示是對的。在相關的論文中，可以發現有好幾個地方的論述，並沒有足夠的佐證做為依據。

因此，就各個層面來看，要相信「不需要早期發現、早期治療」，未免言之過早。尤其這個問題攸關性命，希望患者能謹慎思考後再做出判斷。

除了傳達上述的觀念，接下來將以「早期發現、早期治療」的觀點，來說明面對癌症最適當的醫療處置為何。

沒有做會遺憾的五種癌症檢查是什麼？

首先，解釋癌症是什麼。

所謂的「癌症」，是指由上皮細胞所變化而成的惡性腫瘤，基本上是指從口腔至臀部的管道，與附著在管道周圍的組織所形成的異物。

●主要的癌症（惡性腫瘤）

口腔癌、舌癌、咽頭癌、喉頭癌、肺癌、食道癌、胃癌、大腸癌、直腸癌、乳癌、肝癌、腎臟癌、胰臟癌、膽囊癌、皮膚癌、子宮頸癌等。

在其他部位形成的腫瘤，稱為肉瘤。生長於肌肉就是肌肉瘤，長於骨頭就是骨肉瘤，長於神經就是神經瘤。此外，腦腫瘤也屬於肉瘤的一種。對成人而言，肉瘤是罕見的腫瘤，發生機率是成人惡性腫瘤的一%以下。

在前述主要的癌症中，**希望各位一定要接受檢查的項目有肺癌、胃癌、大腸癌、乳癌、子宮頸癌這五種。這些癌症早期發現的可能性高，若是能早期接受治療，幾乎有九成的機率能夠痊癒。**

不過，這個方法卻不適用於胰臟癌檢查。健康檢查程序中，沒有專門檢查胰臟癌的項目，因為胰臟是非常柔軟的器官，形體沒有固定，很難透過影像捕捉到癌細胞，因此很難透過檢查發現是否罹患胰臟癌。

此外，食道癌也是很難早期發現的癌症。食道是相當敏感的器官，不適合進行長時間檢查，因此很難檢查是否有從食道壁突出的腫瘤，或者觀察組織顏色是否出現變化，藉以判定食道內部是否有惡性腫瘤。

而且，食道周圍有心臟、肺臟、支氣管等重要器官，並且分布了大動脈，因此手術的難度很高，手術後的效果也很差。由於食道周遭有淋巴管包覆，癌細胞很容易轉移、復發，因此食道癌可說是難以治癒的癌症。

然而，另一方面，肺癌通常經由一張胸部X光照片，就能加以診斷。透過胃鏡或鋇劑檢查，可以在極早期階段便發現胃硬化癌之外的胃癌。此外，大腸癌只要經由大腸鏡檢查，也能早期發現。子宮頸癌和乳癌更是透過一般的健康檢查就能察覺。

上述這些癌症，只要透過檢查就能簡單早期發現、早期治療，如果沒有接受檢查而延誤治療時機，真是可惜。

最理想的健康檢查是定期檢查身體每個部位，至少前文所述的五個項目絕對要定期進行健檢。

A4

雖然無法完全否定將癌症置之不理的效果，但還是不推薦這麼做。面對疾病，最重要的是早期發現、早期治療。尤其是肺癌、胃癌、大腸癌、子宮頸癌、乳癌，一定要定期接受檢查。

Q5

檢查是否罹患胃癌，該選擇用胃鏡還是喝鋇劑？

如前文所述，胃癌是可以早期發現的癌症之一。關於其檢查方式，最常聽到的疑問是：「照胃鏡或是喝鋇劑檢查，哪一種比較好？」

有人因為怕鋇劑的味道，所以覺得照胃鏡比較好。也有人覺得照胃鏡好可怕，所以選擇喝鋇劑。究竟哪種檢查方式比較好呢？

結論是：**想確實預防胃癌，必須每隔半年交互做胃鏡與鋇劑檢查**。

最近有人呼籲，上消化系統的健康檢查不需要喝鋇劑，但我認為上述這兩種方法各有優缺點。簡單來說，這兩種方式的差異在於，鋇劑檢查能清楚檢視整個胃部的形狀，而胃鏡檢查則是能清楚看見胃部裡的每個部分。假如只做胃鏡檢查，雖然可以清楚得知胃壁黏膜的情況，卻無法掌握整個胃部的形狀或動態，很可能沒發現到胃硬化癌。

胃硬化癌的症狀惡化時，整個胃會變硬，所以才如此命名。**胃硬化癌的病兆表面通常會被正常組織所包覆，因此照胃鏡也無法發現**。以前就曾經有這樣的病例，雖然患者積極接受健康檢查，卻因為只照胃鏡，等到發現罹患胃硬化癌時，為時已晚。

鋇劑檢查可以觀察到整個胃部狀況，能夠確認因為胃壁變硬而胃蠕動出現異狀的情形，因此可以早期發現胃硬化癌。不過，胃硬化癌確實很難發現，曾經有已接受過鋇劑檢查，卻直到末期才發現的病例。

另外，還有醫師主張：「鋇劑檢查的放射線量遠比一般胸部X光檢查多，恐怕會導致胃癌。」

放射線量過高，確實對人體是種傷害，但演變成癌症的機率真的很低。而且，因鋇劑檢查而早期發現癌症並獲救的人數，比因顧慮放射線風險而不接受檢查的人數還要多。

你是幽門螺旋桿菌感染者嗎？

提到胃癌，大家一定會討論到「幽門螺旋桿菌」。

有將近九四%的胃癌患者都感染了幽門螺旋桿菌，感染者的胃癌發生率是非感染者的將近五倍。

在日本，五十歲以上的族群中，有七〇%至八〇%的人感染了幽門螺旋桿菌。

即使上述資訊公布後，接受幽門螺旋桿菌除菌治療的人變多了，不過很遺憾的是，即便接受除菌治療，發生胃癌的風險也不會降為零。

重點是，要確認自己是否感染幽門螺旋桿菌。除了照胃鏡之外，還有較為簡單的方法，例如：調查氣息中二氧化碳含量的檢查、血液或尿液的抗體檢查等。總之，請先做這些檢查，確認是否感染幽門螺旋桿菌。若健檢結果是確實感染，就要再積極接受胃癌方面的健康檢查。

A5

檢查是否罹患胃癌時，由於只照胃鏡無法發現胃硬化癌，要透過鋇劑檢查才行，所以必須兩種檢查方法交互進行。

Q6 為何女性罹患大腸癌的死亡率，比乳癌更高呢？

大腸癌也是可以早期發現、早期治療的癌症，但是近年來罹患人數卻突然爆增。在日本，近二十年來，大腸癌的死亡人數呈現倍數成長，預計到了二〇二〇年，大腸癌罹患率將超越胃癌及肺癌，成為第一名。至於性別方面，大腸癌位居女性癌症死因的第一名，以及男性癌症死因的第三名。（編註：根據衛福部統計處一〇四年的國民癌症死因報告顯示，台灣男女性癌症死因第一名皆為肺癌，大腸癌則為第三名。）

由於大腸癌惡化速度緩慢，只要從肛門進行內視鏡檢查便能早期發現，是容易檢查出來的癌症。早期發現、早期治療的大腸癌患者，有近乎九成的治癒率。那麼，為何大腸癌的死亡人數還會連年攀升呢？

原因之一就是受檢率低。政府的受檢率目標訂在五〇％，但是日本全國受檢的平均值約在二五％左右。

此外，大腸癌檢查方法的缺點，也是導致死亡人數增加的原因。比方說，子宮頸癌的檢查，報告結果為陽性代表罹癌，陰性就是沒有罹癌，非常壁壘分明。但大腸癌的檢查方法多半是採用大便潛血反應檢查，主要在檢查糞便中是否有血液成分。由於藏在黏膜縫隙的成熟癌細胞不會出血，**就算大便潛血反應檢查結果是陰性，也不能清楚斷定沒有罹患大腸癌**。

相反的，**就算檢查結果是陽性，也不能斷言就是罹患大腸癌**。大便潛血反應檢查，屬於「只有一滴血滴在浴缸裡也會出現反應」的高精準度檢查。因此，就算患者只是輕微的痔瘡，結果也會呈現陽性。

連醫師也猶豫不決的高難度檢查──大腸鏡

當然最好是進行詳細的檢查，但大腸癌的第二階段檢查──大腸鏡，是一種連醫師也猶豫是否要進行的高難度檢查方法。

首先，為了讓大腸內部完全清空，受檢者要服用大量瀉劑，必須排便二十至三十次。之後，再從肛門插入內視鏡。由於腸部是個形狀複雜的器官，連技術高超的醫師做此項檢查，也要花費十分鐘之久。

檢查過程令人非常難受，當內視鏡抵達腸內時，受檢者會感覺到如同腸翻轉般的巨痛，真的很辛苦。因此，醫師也不希望讓病人承受如此大的痛苦，即使大便潛血反應檢查是陽性，對於患有痔瘡的病人通常只會建議：「再觀察看看吧」，於是

癌症部位別死亡率的年度演變（針對10萬人）

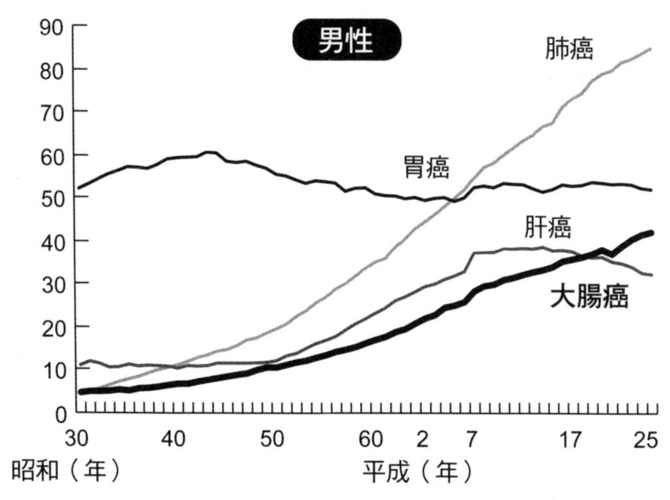

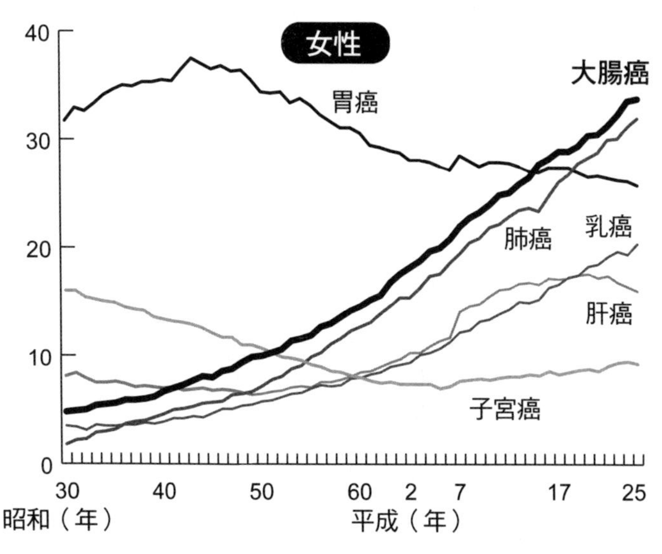

※資料來源：日本厚生勞動省「惡性新生物的主要部位別死亡率（針對10萬人）的年度演變」

※昭和30年為西元1955年，平成25年為西元2013年。

錯過早期發現的時機。

那麼，為了早日發現大腸癌，該怎麼做才好呢？

消化器官專科醫師建議：「大腸癌的惡化速度慢，希望至少每五年接受一次內視鏡檢查。早期發現的話，治癒率將高達九成。」

關於做大腸內視鏡檢查時的疼痛問題，現在只要透過全身麻醉就可以解決。當然施打麻醉劑也有風險，但與其忽視大腸癌，還是積極做檢查比較好。

A6

大腸癌高居日本女性死因第一名。但若是早期發現、早期治療，高達九成能治癒，所以一定要定期接受檢查。此外，只作大便潛血反應檢查可能會忽略大腸癌，最好每五年做一次大腸內視鏡檢查。

Q7

正子斷層掃描能早期發現癌症，但無法查出哪些癌症？

最近，癌症檢查多了名為「正子斷層掃描」（ＰＥＴ）的方法。其正確全名是「正子放射斷層攝影」，指的是先透過點滴注射檢查藥物，檢查藥物中含有的葡萄糖會集中於癌細胞增生部位（因為癌細胞的葡萄糖吸收量是正常細胞的數倍），然後透過特殊電腦斷層掃描設備掃描全身，只要出現紅光，就表示該部位為癌細胞。

比起傳統的檢查，這個方法可以發現初期癌症，而且注射藥劑後是躺著掃描，不像之前的檢查令人感到不舒服。

雖然有人會在意正子斷層掃描的放射量，但其實不需要太擔心。鋇劑檢查的放射線量約為六mSv，正子斷層掃描約為四mSv，胸部電腦斷層掃描的放射量約為八mSv，因此正子斷層掃描的放射量並不是太高。

正子斷層掃描並非萬能

然而，正子斷層掃描最大的問題是費用高，卻效果有限。

如果想檢查難以查出的胰臟癌、位置不明的骨肉瘤，正子斷層掃描非常有效。或是有患者覺得：「想要檢查胰臟或膽管周圍有沒有癌細胞，但做了許多檢查，似乎都很難發現。」這時我會建議：「要不要接受正子斷層掃描呢？」

不過，正子斷層掃描並不通用於所有情況。因為正子斷層掃描法是使用葡萄糖來檢查，所以在原本就屬於葡萄糖集中處的腦部、腎臟、膀胱等，無法發現癌細胞的存在。

而且，胃癌可以透過胃鏡或鋇劑檢查得知，肝癌可以透過超音波檢查出來，所以不需要特地接受高價的正子斷層掃描檢查。

如果你除了一般健檢項目外，也想針對胰臟癌仔細做檢查，自然是另當別論。可是，如果每年都使用正子斷層掃描檢查癌症，真的太奢侈了。除了有錢有閒的人，一般人只要至少接受前文所述的五種癌症檢查，基本上就沒有問題。

A7

正子斷層掃描發現胰臟癌的效果非常好，但無法檢查出腎臟癌或膀胱癌。請和醫師好好討論後，再進行最符合身體需求的檢查。

重點整理

- 生病時請先到地區醫院，找熟悉自己身體狀況的家庭醫師診斷，或是請他介紹轉診，才能早期發現、早期治療。
- 動手術不是挑有名的醫院就好，而是要看手術難度與醫師年齡。
- 檢查胃癌時，單一檢查法容易造成疏漏，胃鏡和鋇劑檢查交互進行才令人安心。
- 早期發現大腸癌，有九成機率能被治癒，建議每五年做一次大腸內視鏡檢查。

編輯部整理

第二章

怎麼吃藥才安心安全？幫你釐清7個用藥疑惑

Q8

中藥沒有副作用？那可不一定！開藥方得顧慮……

請問各位，西藥與中藥之間主要有什麼差異？

概論來說，可分為以下三個方面。

【處方方法】

● 西藥：依據病名開立處方。

●中藥：辨證患者症狀和體質後，再開立處方。

【效果】

●西藥：具即效性，效果也佳。

●中藥：多數藥性效果緩慢。

【藥的成分】

●西藥：多是萃取一種成分的「單劑」。

●中藥：多是以植物、昆蟲、礦物為原料的多種藥材組合。

常聽人說：「西藥危險，中藥安全。」一般人普遍認為，中藥效果緩慢，成分取自天然原料，所以沒有副作用，也很安全。

其實，**中藥也有明顯的副作用。**

中醫鮮為人知的真正處方方法

中藥在何種情況下會出現副作用呢？

首先，要談到的是中醫講究「同病異治」，因「證」而異。因為每個人的根本體質不同，症狀的呈現方式也不同，所以對於相同疾病，中醫用不同的方法治療乃是理所當然。所謂的「證」，就是決定治療方針的基準。

為了徹底瞭解病患的所有訊息，例如：體質、性格傾向、表情特徵、氣色、嗜好等，中醫將「證」分為八種類型，包含「虛證」與「實證」、「陰證」與「陽證」、「表證」與「裡證」、「寒證」與「熱證」，並加以組合，再選擇最適合的治療方法。

舉例來說，「虛證」指的是原本就虛弱、體力不佳的體質。這類型的人在生命力或抵抗力等身體機能變差時，就會出現不適症狀。換句話說，這類型是所謂的「內因型」。另一方面，「實證」則是指充滿生命力的體質。當有害物質或壓力阻礙身體機能運作時，這類型的人才會出現不適症狀，也就是所謂的「外因型」。

所謂的「陰證」，指的是抵抗力虛弱的消極型。這類型的人平常身體冰冷、臉色發青，難以抵擋疾病的攻擊，治療方法要採取溫暖身體的方式。相反的，「陽證」對疾病具有抵抗力，當擊退病因的力量啟動，就會出現發燒或發炎症狀，因此為了抑制發炎，幫身體降溫則是治療時的首要考量。

為了辨證，中醫師會進行以下四診。「望診」是診斷病人的動作、姿勢、氣色、肌膚光澤度等；「問診」是詢問症狀、病歷、與身邊的人際關係等各方面資訊；「聞診」是藉由聽覺及嗅覺，確認聲音的張力，以及有沒有口臭等；「切診」則是用手觸診脈搏或腹部的狀況。

可是，專業中醫不一定都會透過四診來診斷病情，大多數是簡單詢問症狀或是做點檢查，就直接開立處方。

比方說，病患的症狀疑似得了糖尿病，就開立八味地黃丸、大柴胡湯、五苓散等處方。可是，八味地黃丸是虛證用藥，大柴胡湯是實證用藥。因此，**若是開立的處方不合證，病患就會出現食慾不振、頻尿、發汗、暈眩等副作用。**

我曾聽過的案例是，對於原本必須使用溫性藥物的陰證病患，醫師卻開立寒性藥物的石膏、大黃等清熱劑，結果害患者出現腹痛、腹瀉等激烈副作用。

絕對不要自行判斷病症，服用複方中藥

此外，服用中藥時，須留意是否重複服用具有相同藥理作用的成分。不像西藥是單劑，中藥大多使用數種成分混製而成，所以在**服用多種中藥時，恐怕會有同一成分服用過量的風險**，要小心會引發嚴重副作用。

比方說，感冒便自行服用市售的葛根湯；因為小腿抽筋嚴重，骨科中醫師開立

芍藥甘草湯；因為胃痛，內科中醫開立人蔘湯；為了改善更年期障礙，婦科中醫開立加味逍遙散。

上述這些藥的成分都含有「甘草」，若是攝取過量，會出現臉部或手足水腫、血壓上升，以及因低鉀血症而引發肌肉痛、虛弱無力、痙攣等副作用。尤其是醫療用中藥的一四八種處方當中，有一〇九項含有甘草。而且，甘草常做為甘味劑，添加於食品中，所以服用時請務必小心。

此外，促進交感神經亢奮的麻黃鹼成分，也千萬要小心留意。葛根湯和小青龍湯等感冒藥、麻杏甘石湯和神祕湯等氣喘藥，以及越婢加朮湯、薏苡仁湯等關節和肌肉疼痛藥當中，多半有添加麻黃。攝取過多的麻黃，會引發失眠、發汗過多、頻脈、精神亢奮、食慾不振等症狀。如果患有狹心症或心肌梗塞的人錯誤服用麻黃，恐怕有性命危險。

如上所述，其實中藥隱藏各種危險。不過，大多數人認為中藥比西藥安全，常會重複服用相同成分，導致嚴重副作用，甚至不認為不適症狀是副作用，仍繼續服用，最後使得身體狀況變得更嚴重。

因此，相較於西藥，醫師會更留意中藥的安全性。如果你服用中藥時，感覺稍有異狀，請即刻停用並詢問醫師。若同時在多家醫院接受多科治療，請務必主動告訴醫師，你目前服用哪些藥物。

A8

許多人誤以為中藥比西藥安全，其實在服用中藥時還是需要留意。尤其是病證不一致、成分重複所引起的副作用，務必要提高警覺。

Q9

為什麼得在意，服用的是「原廠藥」還是「學名藥」？

近年來，「學名藥」不斷滲透進入人們的生活。在日本，電視上不時播放著推薦學名藥的廣告，而且厚生勞動省為了減少醫療費支出，力求讓全民理解何謂學名藥，因此開始進行推廣，準備了關於各種問題的Q＆A資料。或許是這樣的宣傳產生效用，最近主動要求開立學名藥的患者變多了。

學名藥究竟是什麼？厚生勞動省的網頁上，記載著以下說明：

學名藥（後開發藥品）的有效成分與含量，皆與原廠藥（先開發藥品）相同，而且兩者的效能、效果、用法、用量基本上也一樣。學名藥必須在治療上具有等同於原廠藥的效力，並且通過必要資料的審查，獲得厚生勞動大臣認可，能夠取代原廠藥。

我們可以百分百相信網頁上的說法嗎？

「有效成分與含量皆與原廠藥相同」這一點，是千真萬確。不過，要注意的是，**即使成分相同，藥品的膜衣材料或均勻安定劑等添加物，則是各家企業的配方皆不相同**。

因為原廠藥品是藥商投入數百億日圓所開發出來的，所以該企業絕對不會向製造學名藥的藥商，完整公開製造方法等細節。因此，原廠藥與學名藥之間會有些微的差異。

比方說，當藥品的添加物、錠劑形狀或膠囊成分改變了，藥物有效成分的溶出速度也會有所不同。結果，可能會出現「藥效過強」或「難有藥效」的現象。

若是藥效過強，身體容易產生副作用；若是難有藥效，即便按醫囑服藥也毫無意義。尤其是糖尿病藥、高血壓藥、抗心律不整藥、抗癲癇藥、抗憂鬱症劑等藥物，在服用上必須留意相關問題，否則容易發生攸關性命的問題。另一方面，像阿斯匹靈之類歷史悠久的藥物，因為已具有某種程度的安全性，因此使用學名藥也沒有問題。

學名藥的品質也不透明

我對於學名藥的品質感到懷疑。開發原廠藥的大型藥商會進行嚴密的品質管理，但製造學名藥的藥商會不會比照原廠水準，就不得而知了。我曾聽說過原料中摻有蟲屍體或鐵屑的案例，這也許就是因為部份廠商在進口原料時，疏於管理所造成。

當然不是所有的學名藥藥商都是如此，還是有努力維持不輸原廠品質的優良藥商，而且學名藥的價位較低，也是不爭的事實。想嘗試學名藥的人一定要留意上述的風險，仔細向醫師或藥劑師確認藥商資訊和藥品品質後，再做選擇。

你在使用學名藥後，一旦發現身體不對勁，不要猶豫，要馬上請醫師開回平常服用的藥物。

學名藥不只是比原廠藥便宜，而且有可能會因為配方品質或錠劑形狀，導致藥效與原廠藥不同。若是服用學名藥後發現不對勁，請馬上諮詢醫師，恢復原來的藥方。

Q10

醫院給的藥必須全部吃完，還是覺得身體好了就不吃？

當你感覺症狀痊癒後，會繼續把醫師開立的處方藥吃完嗎？

如果是一般感冒，在咳嗽或發燒等症狀消失後，沒有繼續服藥也不會對身體造成大礙。可是，有些藥物即使是感覺症狀好轉，也不能自行停藥。

比方說，**抗生素就不可以中途停藥**。抗生素是破壞細菌、阻止細菌成長的藥物。因此，當一定數量的細菌滅亡後，發燒或發炎症狀便會消失。不過，如果在此時自行判斷停藥，藥物無法壓制、攻擊性強的細菌就會增生，甚至產生抗藥性，於是藥物就漸漸失去藥效。

膀胱炎就是最佳例子，只要服用二至三天的抗生素，膀胱炎的症狀就會消失。可是，如果你在症狀消失就自行停藥，攻擊性強的細菌沒有被殺光，會再度增生而導致發炎，於是你又開始覺得疼痛。

只要服藥，弱菌就滅亡，接著症狀改善便自行停藥，倖存的強菌增生導致病情惡化，只好再度服藥……。**如此惡性循環下去，會變成只有抗藥性強的細菌一直增殖，衍生出超級細菌，原本的藥便會失效。**

上述所說的細菌，正是「MRSA」（抗藥性金黃色葡萄球菌）。抗藥性金黃色葡萄球菌曾引發院內感染，因此廣為人知。雖然才剛開發出強效抗生素，但有報告指出已出現抗藥菌種了。為了預防這種現象發生，必須遵照醫囑將處方藥服用完畢，以徹底殺死細菌。

還有，**類固醇藥也不能自行中途停藥**。

類固醇是一種仿製藥，成分類似人體副腎所分泌的荷爾蒙，所以人們服用後，會導致人體原本的副腎功能變差。如果突然停止使用類固醇，體內副腎皮質素驟減，會出現劇癢、自律神經失調等戒斷症狀。服用前務必諮詢醫師或藥劑師，確實遵守規定或使用方法。

近幾年，抗憂鬱藥物的處方開立比例增加，這也是不能隨意自行停藥的藥物。有報告指出，如果突然停止服用抗憂鬱藥，患者會出現耳鳴、麻痺、暈眩、走路不穩等戒斷症狀。而且許多報告還指出，戒斷症狀可能會引發自殺，所以絕對不能自行停藥。

A10

如果感覺症狀消失或好轉就自行停藥，恐怕會失去藥效，出現戒斷症狀。尤其是抗生素、類固醇、抗憂鬱藥物等，隨意停藥很危險，絕對不能自行決定。

Q11

「沒有遵照時間吃藥」與「吃家人的藥」，哪種最危險？

關於服用藥物，最常見的問題是：在飯前或飯後吃有沒有差異？

大概有八成的藥物，如果確實遵守一天的服用次數及必需量，不論在飯前或飯後服用，效果沒有任何差異。

可是，有些藥物如果在錯誤的時間服用，將發生無法挽救的後果。關鍵就在於，**食物與藥物會不會同時在胃中消化**。具有強烈刺激性、會刮胃壁的藥物，一定是飯後服用。比方說，止痛的阿斯匹靈或含雙氯芬酸的藥物，如果在飯前服用，可能會引發胃潰瘍。還有治療風濕症的類固醇藥物，因為容易傷害胃黏膜，務必在飯後服用。

相反的，糖尿病藥物的目的是要調整進食後的血糖值，所以在飯前三十分鐘服用，才能預防血糖上升。如果在飯後才吃，因為血糖已上升，便會失去藥效，結果導致病情惡化。其他像是「鐵劑」，在飯後服用會讓吸收能力下降，而治療骨質疏鬆症的藥物，在飯後服用也會讓藥效減弱，都要多加留意。

此外，還經常出現「一份處方藥，全家一起吃」的狀況。大家普遍認為「因為症狀一樣，所以共用藥物沒關係」，但真是如此嗎？比方說，自己發燒、咳嗽時，服用孩子吃剩的退燒藥和止咳藥，會出現什麼問題呢？

也許**孩子只是單純感冒，但母親卻可能是肺結核或肺癌，抑或是其他的呼吸器官疾病**。或者是你覺得胸口痛，就吃家人剩下的止痛藥，雖然止痛了，但其實你有可能是心臟病、肺炎或膽結石。想知道發痛原因，沒有接受精密檢查就無從得知。當你覺得身體不舒服時，絕對不要便宜行事，隨意服用家裡現有的藥物，請記得只有醫師才能給予正確診斷，務必至醫院接受檢查。

藥的世界中，沒有絕對安全

我在本書已提過多次，服藥時必須留意其副作用。**在藥的世界，可能會發生超出常理的副作用。**

最近關於因藥物副作用而死亡的案例，厚生勞動省的報告顯示，治療生理痛所開立的低劑量「悅姿錠」（Yaz）（由拜耳集團所生產），自二〇一〇年十一月上市以後，有三人因副作用引發血栓症而死亡。據說使用過這項藥物的人數超過十八萬。這個案例顯示，雖然九九．九％的人服用後沒問題，但仍有可能對某些人造成嚴重的副作用。這就是藥物副作用可怕的一面。

二〇一四年七月，有十五名患者在服用C型肝炎治療藥「TERAVIC」（由田邊三菱製藥所製造及販售）後，出現肝衰竭或全身性皮膚炎等副作用而死亡。這項藥物在臨床實驗階段，就被指出有副作用風險，患有嚴重肝硬化或肝癌的患者不宜服用，卻還是出現這麼多死亡病例，就是因為醫師開立處方給不適合服用的病患。

基於上述案例，在醫師開立處方時，請你務必仔細詢問藥物的風險及副作用，請醫師說明至你可以接受為止。服藥後，只要稍微覺得不對勁，請立刻停止服藥並就醫。

A11

沒有遵守「飯前或飯後」的用藥規則，或是家人共用處方藥，都是危險的服藥方法，絕對不可行。還有，如果發現身體狀況不對勁，就不要繼續服藥，這是用藥的基本準則。

Q12 生病時買成藥吃或是立刻看病，哪種行為比較長壽？

現在不論在城市或鄉下，到處都能看見藥局的蹤影。二〇一四年六月，日本政府開放一般醫療藥品可以在網路販售，讓藥物變得更容易購得。

然而**最可怕的是，覺得身體不舒服，就自己視症狀判斷，然後購買成藥服用**。身體出現的不適感，是警告你身體出現異常的重要訊號。使用藥物抑制咳嗽、疼痛感、身體倦怠感、不適感，等於是關掉紅色警示燈的行為。抑制眼前的症狀，可能會讓你忽略大病的徵兆。

最危險的例子就是胃癌。對於初期胃癌的不適感，服用市售胃藥便可以穩定症狀，所以常發生「直到市售胃藥無法壓抑疼痛，才到醫院看病，結果發現一切都太遲」的悲劇。

如果覺得自己的情形和以下所列吻合，為了身體著想，最好馬上到醫院檢查。

● **服用利尿劑緩解水腫，其實主因是心臟衰竭、腎衰竭。**

常使用市售利尿劑緩解水腫問題的人要小心。水腫是心臟病或腎臟病的初期症狀，等水腫症狀嚴重才到醫院檢查，很可能病情已經惡化，最後必須洗腎。

● **使用提神飲料消除疲倦感，其實可能是甲狀腺機能不佳。**

許多人喜歡喝市售營養飲品來消除疲倦感。不過，疲倦的原因有可能是甲狀腺機能低下症，如果等症狀惡化才治療，治癒率便會降低。

● **持續咳嗽時使用止咳藥抑制，最後醫院檢查結果竟是肺癌。**

咳嗽超過一個月，服藥後都沒有好轉，有可能是罹患肺癌。如果持續自行使用止咳藥抑制，萬一真是肺癌，恐怕就太遲了。若一直咳嗽，要盡早接受診斷。

● **喉嚨不舒服，使用漱口水或喉糖舒緩，其實可能是食道癌或口咽癌。**

喉嚨長期感到不舒服，可能是罹患食道癌或口咽癌。

此外，對於初期自覺症狀不明顯的沉默疾病，也要提高警覺。所謂的「沉默疾病」，指的是高血脂症、高血壓、糖尿病、肝病等。這些疾病等到身體出現不適感時，病況已經惡化了，如果平時一直使用成藥去抑制，等到發現時便為時已晚。

如果長期使用成藥抑制身體不適，可能小病痛會在哪一天發展為致命的重病。成藥只是去醫院看病前的緊急處置方法。習慣把市售成藥當成常備藥使用的人，要立刻改掉這個習慣，馬上到醫院接受檢查。

A12

成藥只能舒緩當下的不適感。持續自行使用成藥，有可能會使病情加重，並延誤醫治時機，請盡早至醫院接受檢查。

Q13 保肝、顧關節、抗老化……保健食品真的有益健康嗎？

腰痛、關節好痛……。對於上述身體不適的問題，最近越來越多人除了服藥外，還會使用營養補充品或保健食品來改善症狀。

近幾年在日本，營養補充品、保健食品的市場規模，以每年三％至五％的幅度持續成長，二〇一二年度的營業額高達一兆四千七百億日圓，就是最佳證據。從年齡別來看，六、七十歲世代的購買人數佔總人數大約一半，這或許是因為隨著年紀增長，對自己的健康越來越感到不安而產生的現象。

廠商似乎注意到這樣的大眾心理，電視廣告每天大量播放著，適合中高年齡層使用的營養補充品或保健食品的廣告。市面上販售著各種保健食品，例如：宣稱能改善關節痛的膠原蛋白和軟骨素、以停經婦女為訴求對象的大豆異黃酮，以及推銷給精力減退男性的鋸葉棕櫚錠和瑪卡藥丸等。

那麼，保健食品真的有效嗎？我身為醫師，對於保健食品的功效感到懷疑。**保健食品幾乎都是開發藥品時無法成為藥物的產品，或是藥效不彰而作廢的產品**。

比方說，青皮魚富含的健康成分「DHA」（二十二碳六烯酸），在尚未製成保健食品販售前，曾因為是否要當做「EPADEL」藥物（由EPA製劑所生產）的成分，而被討論過。不過，DHA不被認可為藥物，於是被當做保健食品來販售，反而成為熱銷商品。

還有，因具有抗老化效果而聞名的「輔酶Q10」成分，其實在大約三十年前，被當成心臟病藥物使用。不過，後來大部分成分被認為不適合當成心臟病用藥，於是降級為保健食品。

除了以上的案例可說明保健食品的功效有限外，**如果保健食品真的擁有強大效果，製藥公司絕對不會保持沉默，會馬上製成藥品**。坦白說，保健食品是「開發藥品時產生的多餘產物」。

為何人們在服用後，會覺得有效或是病治好了？

我認為這是所謂的「安慰劑效應」（編註：指的是不具有藥理作用的藥物，透過服用者的自我暗示，出現功效或副作用）。從這個解釋來看，帶有宗教信仰的意思。我們都曾聽說過疾病因持續祈禱而治癒的例子，其實並非神力治好疾病，而是當事人的信念啟動體內的治癒能力，才治好疾病。因此，服用保健食品讓病情好轉的案例，幾乎都是安慰劑效應的緣故。

保健食品也有副作用

另一方面，也有人認為「即使只是安慰劑效應，如果能把病治好就好了！」可是，請別忘了，**服用保健食品本身也存在風險**。有很多案例都是原本認為保健食品有益健康才持續服用，結果卻使身體受到嚴重損害。

在服用保健食品時，要特別留意副作用。尤其是曾經發生許多問題的「薑黃」，在《健康食品中毒百科》中有著以下的記錄：

一九九四年至二〇〇三年，在日本的藥劑性肝功能障礙案例當中，除了減肥藥導致的之外，有四分之一的案例是因為服用了含有薑黃成分的保健食品、民俗藥品所造成的，且為數最多。

這本書中也記錄一個案例，一名因肝硬化到醫院接受治療的女性，在百貨公司買了薑黃粉，每天服用一小匙，在持續使用兩週後症狀惡化，結果三個月後因多重器官衰竭而離世。

大家印象中具有保肝作用的薑黃，其實富含鐵質，如果大量攝取，恐會導致慢性肝炎惡化。因此，常喝酒讓肝臟承受負擔的人，如果為了保肝而服用薑黃，反而可能導致死亡。

如果為了健康而服用原本不需要的保健食品，卻搞壞身體，真是最愚蠢的行為。

保健食品與藥品的品質是天差地別

還有一點務必留意，那就是保健食品的品質。

製藥公司在製造過程中，會嚴格管理藥劑安全性，絕對不會發生在糖尿病藥品中混入其他藥品成分的事。

然而，**保健食品不同於藥品，製造過程的管理標準相對鬆散，甚至有許多企業都是隨便管理，品質低劣令人瞠目結舌**。

在其他國家，也有報告記錄，曾發生保健食品裡添加毒物的事件。保健食品公司即使發生上述的事件或意外而倒閉了，還是可以再改名重組，繼續販賣保健食品。對於這樣的企業，消費者受害了，恐將究責無門。

我可以斬釘截鐵的告訴你，絕對不要沒生病，卻服用不可靠的保健食品。如果明知道已有死亡案例，卻繼續服用對健康多此一舉的保健食品，而危害到身體，只能說令人遺憾了。

A13

請不要期待保健食品的療效。一知半解的服用，可能會危害身體，還是不吃為妙。

Q14 可不可以自己買國外的藥來用？該注意什麼？

最近透過網路，以個人名義從國外進口醫療藥品的人變多了。

那麼，中醫發祥地的中國或是醫療先進國的美國，從哪一個國家進口藥品比較好呢？

不論從哪一國進口，都是危險的行為，所以絕對不要這麼做。

對於以個人名義進口的醫療藥品，日本的藥事法並不保證其品質、有效性及安

全性。

據我所知，從中國進口的糖尿病中藥，其實成分中添加大量西藥。曾經發生過服用這項藥品的患者，因低血糖而失去意識昏倒的例子，這正是因為此藥品含有給重症病人使用的強效成分。

此外，從國外進口藥品的話，必須留意藥量。

曾有位英國的糖尿病患者來找我看診時，要求：「因為我要在日本停留兩個月，請開立與英國相同的處方。」他的處方箋上的記錄藥量，竟然是日本人的三倍，假如日本人服用這樣的處方藥，一定量倒。

市售成藥也是一樣道理，許多國外藥品記載的服用量，對非本國人來說是危險的劑量。因此，我想對長期旅居海外的人說：「不得已要買成藥的話，就買兒童用藥才安全。」

進口的保健食品、減肥食品也絕對不要服用

市面上有許多保健食品、減肥食品都是進口貨，它們有的含有醫藥成分，可能對健康造成重大傷害，請你務必牢記。

根據報告顯示，泰國製造的減肥藥「MD Clinic Diet」、「Hospital Diet」，最近造成了多起危害健康的事件，甚至有人因此送命。

此外，服用私人進口藥品導致身體受損的人們，無法成為政府制度（在此是指日本的醫藥品副作用受害救濟制度）救濟協助的對象。因此，自行判斷及使用進口藥品後，即使出現副作用或不適症狀，也很難獲得妥善的處理。

由此可見，私人進口醫藥品或健康食品，明顯是壞處大於好處。絕對不要抱持隨意的心態，進口或購買國外藥品。

私人進口藥品的消費者受害案例

新聞報導日期	受害人	銷售商	購買商品	症狀	購買方式
2005年5月	20幾歲女性	中國	健康食品（減肥）	暈眩	網路拍賣
2005年5月	20幾歲女性	中國	健康食品（減肥）	腹瀉、嘔吐	網路拍賣
2005年9月	20幾歲女性	泰國	減肥藥	死亡（急性心臟衰竭）	私人進口代購業者
2006年9月	40幾歲女性、50幾歲女性	美國	健康飲料	肝功能障礙	私人進口
2007年6月	兒童	中國	健康食品（異位性皮膚炎）	臉浮腫、手麻	私人進口
2007年6月	30幾歲女性	泰國	健康食品（減肥）	頭痛、暈眩	私人進口
2007年6月	30幾歲女性	美國	健康食品（減肥）	血壓升高、頭痛	私人進口代購業者
2007年6月	60幾歲男性、30幾歲女性	中國	健康食品（異位性皮膚炎）	臉浮腫、手麻	私人進口
2007年8月	30幾歲女性	中國	健康食品（減肥）	心悸、頻脈	美容沙龍（沙龍是向私人進口藥品的女性購買）

※ 出處：日本內閣府《平成20年版國民生活白書》

※ 平成20年為西元2008年。

無論從哪個國家私自進口藥品、保健食品、減肥食品，都是很危險的行為。假如自行隨意服用，最糟糕的結果就是賠上寶貴的性命。

重點整理

- ☑ 中藥也有明顯的副作用，絕對不要自行判斷病症及服用複方中藥。同時接受多科治療時，請務必主動告知醫師目前服用的藥物。
- ☑ 學名藥不等於原廠藥，有可能因為配方品質或錠劑形狀，導致藥效截然不同。
- ☑ 覺得症狀好轉便自行停藥，恐怕會失去藥效。尤其是抗生素、類固醇、抗憂鬱藥物等，絕對不能自行停藥。
- ☑ 為了達到藥效，請遵守飯前或飯後用藥的規則，不要與家人共用處方藥。持續自行使用成藥，有可能延誤醫治，請盡早至醫院接受檢查。
- ☑ 保健食品多半是開發藥品時產生的非藥物產品，而且製程管理標準鬆散，請不要期待保健食品的療效。

編輯部整理

第三章

流行的健康法一定有效？為你破解6個常見迷思

Q15

運動有益健康？其實規律運動會縮短壽命，因為……

在這一章中，將揭露各種保健方法的真相。

保健方法真是琳瑯滿目。不過，多數人在思考「為了健康該開始做什麼」時，首先浮現腦海的答案想必是運動吧。那麼，運動真的有益身體健康嗎？

關於這個問題，一九九四年三月五日的《每朝新聞》刊載了以下報導：

在運動重力實驗中，讓實驗用老鼠待在旋轉籠裡，以一定的速度在一定的時間內跑步。報告結果指出，如果實驗鼠運動過度，容易罹患傳染病，而且壽命變短。蜜蜂或蒼蠅等昆蟲類，也會因為工作量多或是活動範圍廣而短命。在野生動物世界中也是相同的情況，運動量多的個體通常壽命較短。

換句話說，生物進行激烈運動後，死亡率會飆高。這則報導還針對其理由，刊登這樣的內容：

當耗氧量增加時，體內會大量產生被稱為「活性氧」的劇毒，使身體出現疼痛感。

所謂的「活性氧」，指的是氧化力強的氧氣。它會對各種物質產生化學反應，使身體細胞疼痛，進而對身體造成各種傷害，像是細胞老化、肝功能變差，血管阻塞等。

人類的身體當然不笨，原本就擁有消滅活性氧的機制。可是，這個機制是有限度的，當活性氧大量產生時，它會來不及消滅。

人們運動時會製造出平常十倍的活性氧，身體根本來不及處理。而且，四十歲之後，身體對於活性氧的抵抗力也會衰退。換句話說，**你持續運動，便等於自行對日漸孱弱的身體製造毒素**。

享受運動固然是好事，但為了健康而持續運動的人，最好改掉這個習慣。

A15

持續運動的人與沒持續運動的人，哪個壽命比較短呢？如前文所述，越常運動，壽命越短。

Q16

打高爾夫與打網球，猝死率較高的是什麼運動？

前面提到，運動會讓身體產生負擔，長期持續運動會縮短壽命。其實，運動除了縮短壽命之外，還潛藏著猝死的風險。

比方說，學生時代參加體育社團活動的人，**越是對自己的體力有自信，反而越容易因運動猝死**。對自己體力有自信的人，在進入中高年之後，要是以年輕時的標準勉強自己運動，心臟病或腦血管等相關疾病的發作率就會增高。

在日本，每逢九月、十月常傳出運動引發心臟病猝死的案例，就是最佳證據。這個時期，全國各地的公司和社區，會舉辦運動會或體育競賽等活動，於是許多在學生時代曾參與體育活動的人，勉強自己激烈運動，結果引發猝死。

此外，體育競賽也是導致猝死的原因之一。大多數人總是將體育競賽與運動混為一談，其實兩者截然不同。體育競賽屬於比賽競技，有比賽規則與場地限制，參與者會為了爭取良好紀錄或排名，而努力提升技能。因此，常會看到許多人即使身體不舒服還是勉強參與競賽；尤其是團體競賽，為了不給其他隊友添麻煩，總是忍著病痛參加。

挑戰自我極限確實可以鍛鍊堅忍克己的意志，即便訓練到身體疼痛也算是有意義，然而從長遠的角度來看，後續絕對會出現各種問題。

打高爾夫球等於風險大放送

所有運動項目中，最該注意的是高爾夫球。在以四十歲以上者為對象，進行猝死機率高的運動類別調查中，高爾夫球名列前茅。

打高爾夫球的猝死率之所以這麼高，可能是因為大多數人覺得：「在下大雨的日子，雖然人有點發燒，但因為早已約定好，怕對其他人不好意思，加上兼任接待工作，更不能取消不去……。」於是，身心不適卻還是硬著頭皮去打球。清早打球也是危險因素之一，因為**早晨是血管最容易阻塞的危險時段**，關於這點後面會再詳述。

除了上述原因外，「推桿」也是導致猝死的原因之一。打過高爾夫球的人都了解，壓力最大的時候，就是球要進洞又不進洞的時刻。這個壓力正是引發心肌梗塞的原因之一。有個家喻戶曉的故事，就是患有心臟病的美國前艾森豪總統，上果嶺打球時從不帶球桿。所謂的「艾森豪規則」，是指到了果嶺區便自動增加兩桿，不用推桿就直接到下一個洞區。總之，高爾夫球就是這樣處處潛藏著猝死風險的運動。

此外，網球同樣受到中高年族群的青睞，也常傳出猝死的消息，但是頻率不如高爾夫球那麼高。網球和高爾夫球同樣都屬於競賽運動，想轉換心情，從事競賽運動固然好，但為了健康著想，不建議從事激烈的競賽運動。

A16

大多數的競賽運動潛藏著猝死風險。中高年齡族群在打高爾夫球時，更要格外注意健康狀況。

Q17

晨跑與晚上健走，哪個會提高心臟梗塞的風險？

最近，美國的某個醫療專門雜誌發表一項關於跑步的研究，其結果相當耐人尋味。研究報告指出，有跑步習慣的人想降低死亡風險，必須齊備以下三個條件：

①跑步距離一週不能超過三十二公里。

②跑步速度為時速八至十一．二公里。

③跑步次數一週限制在二至五次以內。

陸續有醫學報告證明，同時符合上述三個條件，才是有益健康的跑步方法。而且，該研究報告還提到：

如果超過這些條件，毫無延長壽命的效果。

到底有多少人在跑步時，會注意到這些條件，並確實遵守細節呢？我猜應該是微乎其微。多數人都認為跑步有益健康，只要有去跑步就感到滿足。但這樣敷衍的心態，應該不會讓你變健康。另一方面，要滿足所有條件就是一件難事。

請停止晨跑

有人把晨跑當成每天的功課，但為了身體健康著想，最好改掉這個習慣。

人體本身有生理時鐘的機制，到了晚間天色變暗，副交感神經的作用會變得活躍，使整個人處於放鬆狀態，睡意來襲。然後到了早上迎接晨光，為了一天的活動，交感神經會慢慢甦醒，漸漸活躍起來。

當交感神經變得活躍時，血壓會上升，加上夜間脫水的關係，血液處於容易凝固的狀態。因此，人們在早晨，尤其是起床後的兩小時內，最容易因為心臟病發而猝死。

如果在這個時段跑步，脈搏會加速跳動，血壓更加上升，**心肌梗塞的風險也會提高**。當然不建議心臟病患者在這個時段跑步，尤其是高齡者更要禁止。

此外，在早晨起床後的數個小時內，身體的各個功能都尚未完全清醒。睡覺時下降的體溫在起床時還沒完全上升，肌肉處於僵硬狀態，這時如果突然開始跑步，關節和肌肉會疼痛，即使小心翼翼做了暖身操，還未完全清醒的身體可能會因為跑步，使得肌肉纖維或肌腱疼痛。

綜觀下來，晨跑真的是百害無一利。

希望健康長壽，養成健走的習慣即可

為了健康著想，建議你將跑步改為健走。

健走不會對身體造成重大負擔。走路時吸入的氧氣，會燃燒囤積在體內的脂肪和肝醣，還能適度刺激肌肉生長，使得基礎代謝量增加，進而幫助脂肪燃燒。這可以改善心肺功能，促進新鮮血液送至全身，便能預防因生活習慣不良而生病，也可以消除壓力，還有美容效果。

正確的走路姿勢會使用到上半身，就如同「北歐式健走法」（也就是兩隻手各拿一支登山杖健走）。我們平常走路時，只會運動到腰部以下的區域，但是活動上半身也很重要。建議每天以這個方法健走大約六十分鐘。

不過，若是步伐比平日走路大、速度也較快的「運動式健走」（Exercise Walking），奉勸各位最好停止，因為過於勉強矯正姿勢，將增加雙腳和腰部的負擔。

A17

晨跑百害無一利。雖然跑步並非絕對無益健康，但是很難具備所有條件，純粹是自我滿足。如果真的為健康著想，建議採用走路的方式運動。

Q18 水與碳酸水，哪種每天喝超過兩公升會致癌？

除了運動，現在還有許多保健方法廣為流傳。

比方說，我聽過一種保健法是「每天喝水兩公升以上」。你是否曾經看過，周遭的人在桌上擺著一個兩公升裝的水壺，每天拚命灌水呢？最近越來越多人為了美容和排毒（解毒）效果，改為飲用碳酸水。那麼，水與碳酸水，每天飲用哪一種兩公升以上能有益健康？

其實，上述這兩種都不是正確的保健方法。問題不在於水或碳酸水，而是「兩公升以上」的飲用量。為何飲用兩公升以上的水或碳酸水是錯誤的方法呢？

有位因腦梗塞（缺血性中風）而昏倒的名人，曾在電視或雜誌上提到：「每天喝水超過兩公升，可以預防腦梗塞。」於是掀起每天大量喝水的風潮。連醫師也被教導，這個保健方法可以預防腦梗塞。

腦梗塞發作的流程是「動脈硬化惡化」→「血流空間變得狹窄」→「血管裡的血液凝固，形成血栓」→「血栓阻塞血管」。因此，攝取水分的確能讓血液循環變好。對於曾經得過腦梗塞的人，或是腦血管疾病發作風險高的人（像是現在患有動脈硬化、高血壓）而言，「攝取水分」的預防效果確實非常有效。

然而，非上述情形的人，**不需要為了減肥、美容、健康等原因，每天喝兩公升以上的水或碳酸水**。成人每日飲水量確實是兩公升左右，但我們除了喝水之外，也會從其他食物中攝取水分。飯、蔬菜都含有水分，透過三餐飲食攝取的水分約有八百毫升。包含食物的水分在內，一天攝取兩公升水分就足夠了。

每天所需攝取的水量，還會因生活型態不同而有所差異。在工地現場揮汗工作與坐辦公室裡工作，這兩種人的每日飲水量當然不一樣。說得更詳細一點，即使是同一人，夏天與冬天所需飲水量也不同。總而言之，討論喝幾公升才正確，或者是應該喝幾公升水，本身就是無聊的議題。

飲水過度會引發重病

況且，飲水過量會引發各種風險。尤其是腸胃功能虛弱的人，飲水過量會讓身體負擔過重。胃功能疲累，胃液過度稀釋，都可能防礙消化吸收功能，還可能導致罹患重病。

根據近幾年的研究結果得知，人體的免疫細胞約有六〇%集中於腸道。**若是每日飲水過量導致腸道環境惡化，人體免疫力會下降，癌症發病率就會提高**。此外，腎臟的最高利尿速度是每分鐘十六毫升，超越這個速度的飲水量會讓體內鈉離子驟減，引發低鈉血症。

鈉是人體必需的礦物質之一，具有調整神經及肌肉作用的功能，是輔助人體功能運作的重要成分。當體液裡鈉不足時，會肌肉痙攣、血壓過低，甚至有時會引發昏迷，非常危險。

另一方面，不喝水也不利健康。重點在於留意自己適合的飲水量，除了夏天或運動時以外，平常覺得口渴時再喝水即可，這就是適量喝水。不用勉強自己灌下那麼多的水或碳酸水，只要攝取身體想要的飲水量即可。

A18

一天喝水或碳酸水兩公升以上，只對有可能發生腦血管阻塞的人有益。其他人如果這麼做，就會攝取過多水分，導致腸道環境惡化，恐怕會引發癌症等重病。

Q19

為什麼宿醉時不能洗三溫暖？吃什麼可以解酒？

我常聽人說每逢週五晚上總是飲酒過量，週末一早就宿醉得難受，然後為了消除酒精，決定去洗三溫暖。

事實上，為了消除酒意而去洗三溫暖，似乎一點效用也沒有。光靠洗三溫暖，不可能代謝掉酒精，因為酒醉時，酒臭味是從嘴巴散發出來的，酒味並不是經由汗水排出。

由於酒精幾乎都是在肝臟分解，經由汗水排出的酒精只有極微量而已，因此洗三溫暖根本沒有排出酒精的功效。

百害無一利的日式三溫暖

可是，三溫暖原本是對健康有益的行為吧？

三溫暖的起源，要追溯至兩千年前的芬蘭。芬蘭的日照時間短，長時間處於嚴寒氣候，人們為了消除勞動所產生的疲倦感，而創造出三溫暖。約在一九六三年時傳入日本，現在全球各地的三溫暖迷據說有一千萬人以上。

看了這樣的資料，許多人會認為三溫暖有益健康。但是，**日式三溫暖可說是百害無一利**。假如像以前的芬蘭人那樣，為了暖身而洗三溫暖，這是健康的，沒有絲毫問題。因為洗了三溫暖以後，可以活化副交感神經功能，讓人放鬆，睡個好覺。

而且，皮膚的毛細血管和皮下血管會擴張，血液循環變好，可以鬆弛僵硬感與消除疲勞。

但是在日本，人們根本不是為了消除疲勞而洗三溫暖。絕大多數人誤以為流汗有益健康，是為了排汗而洗三溫暖。可是，洗三溫暖的排汗與運動時自然排出的健康汗水截然不同。洗三溫暖時，人體在高溫下快速大量排汗，於是鈉、鉀、鈣等必需礦物質會隨著汗水一起排出體外。**這樣等於白白浪費了人體必需的鹽分及礦物質**。

而且，日本的三溫暖室溫通常維持在一百至一百二十度C左右，相較於三溫暖發源地北歐地區的八十度C，實在高太多了。進入如此高溫的三溫暖室，血壓會突然上升，心跳也會加快。對於患有動脈硬化、高血壓、心臟病等循環器官疾病的人，或是免疫力下降的高齡者而言，這麼做等於是自殺行為。尤其宿醉時，身體處於脫水狀態，血液變得濃稠，血栓阻塞的可能性增高，於是致命的危險性也更加提高。

還有，洗三溫暖排汗時，只是水分蒸發而已，並沒有燃燒到體脂肪。即使洗完三溫暖後覺得體重減輕，但只要補充水分，就馬上回到原本的體重。甚至有些人認為洗三溫暖排汗時，似乎能將囤積在體內的有害物質連同汗水一起排出體外，但很遺憾的是，**排汗完全不具排毒效果**。

汗水的成分幾乎就是水、礦物質或微量元素，其排泄廢物的功能遠比排尿、排便、指甲、頭髮還要差。尤其是頭髮和指甲擁有優異的排毒能力，可以排泄水銀、鉛、鎘等有害重金屬，例如診斷是否汞中毒就是利用頭髮來檢測。經過這樣比較以後，就知道汗水的排毒效果微乎其微了。想透過洗三溫暖流汗來排毒，風險實在很高，不推薦你採用這樣的保健方法。

另一方面，宿醉吃葡萄柚解酒是正確的方法。葡萄柚富含維生素C、檸檬酸、果糖等成分，具有幫助肝臟分解酒精的功效，是最適合宿醉時吃的水果。除了葡萄柚外，檸檬水、少鹽的甜酸梅也有解酒效果。宿醉時適量攝取這些食物，在家好好休息，才是最好的解酒之道。宿醉時容易脫水，要留意補充足夠的水分。

A19

三溫暖沒有解酒效果，在宿醉時洗三溫暖反而會增加猝死風險，絕對不要這麼做。當你宿醉想解酒時，建議食用葡萄柚或酸梅，並且攝取足夠水分，好好休息。

Q20

「斷醣飲食」與「一天一餐」，哪種會導致臥病不起？

這幾年，限醣或斷醣飲食保健法相當盛行。

這個健康法是限制每天攝取的醣量，也就是限制碳水化合物的攝取量，就能達到消除代謝症候群的保健效果。可是，不知從何時開始，錯誤資訊廣為流傳：「酒和肉都可以無限量攝取，只要不攝取米飯、麵類等碳水化合物，就能變瘦。」許多人聽從上述說法，而發生各種健康問題。

碳水化合物、蛋白質、脂肪並列為人體必需的營養素。**光用一般常識想，也知道人不可能完全不攝取碳水化合物**。碳水化合物被消化吸收後，會在血液中轉化為醣分，這個醣分是供給身體及大腦活動的能源。因此，如果不攝取碳水化合物，營養成分就無法充分送達身體各部位，大腦和所有內臟的功能便會出現障礙。而且，醣分也是活動肌肉的能量來源，如果醣分不足，肌力會日益衰退，最後可能演變成「臥床不起」的狀態。

還有，如果不攝取醣分，就會相對的攝取過多蛋白質，於是增加腎臟的負擔，使得鈣質的排泄量變多，導致罹患骨質疏鬆症。此外，醣分攝取不足，還有其他各種不利身體的壞處。因此，完全不攝取碳水化合物的保健法，根本不可行。

只有獲得醫師或營養師同意才可以極端限醣

站在醫師的立場，不建議一般人採取「限制型」的保健方式。即使採用了限制碳水化合物攝取的限醣飲食法，一般人也很難拿捏限制攝取的分量是多少。

此外，最近相當熱門的一天一餐保健法，也是一樣的道理。這是乳腺專科醫師南雲吉則親身實踐的保健法之一，自從公開後便引起熱烈討論，也大為盛行。這個方法絕對沒有錯，若確實實踐，能產生某種程度的效果。不過，想要實行一天一餐，必須注意營養是否均衡。

南雲醫師在其著作中提到：「基本上如果有想吃的東西，吃多少都行」、「身體自己會產生想吃什麼東西（營養）的欲望」。一餐就能攝取到足夠的營養，當然是理想飲食。總之，**即使一天只吃一餐，請一定要確實攝取必需的營養**。

南雲醫師還談到砂糖的壞處。即使一天只吃一餐，如果每天都吃蛋糕，當然不算健康。即使減少為只吃一餐，讓身體吸收營養的能力變好，但要是營養不均衡，一切都毫無意義。為了身體健康著想，如果你不是營養師或醫師，千萬不要隨意採用限制型保健法。

那麼，真的有所謂「好的」保健方法嗎？

最近養身保健風潮盛行，市面上各式各樣的健康商品、健康食品、保健方法層出不窮，但是大多數都在數年後就消失得無影無蹤。然而，**真正好的保健方法，一定能長存世間**。

比方說，在運動方面，瑜珈、氣功、國民健康體操就是好的方法。在飲食方面，限醣飲食、限鹽飲食、微斷食法、優格、綠球藻、養命酒等，就是不錯的選擇。當你聽到任何養身保健資訊時，不要馬上信以為真，一定要仔細觀察之後，再做判斷。

A20

「斷醣飲食法」是完全不攝取碳水化合物，但碳水化合物轉化的醣分，是人體必需三大營養素之一，若完全不攝取，最後恐怕會引發臥床不起的慘況，所以絕對不可行。此外，一日一餐保健法並沒有錯，但是要注意確實攝取必需的營養。

重點整理

☑ 人激烈運動後，死亡率會飆高。持續運動時產生的活性氧，會對身體造成各種傷害，不得不注意。

☑ 競賽運動潛藏著猝死風險，晨跑更會提高心肌梗塞的機率。為了健康著想，健走就能達成有效運動的效果。

☑ 每個人都有適合自己的飲水量，覺得口渴時再喝水即可，不用勉強自己為了減肥、健康，而攝取過多水分。

☑ 宿醉時洗三溫暖反而增加猝死風險，若要解酒，建議食用葡萄柚或酸梅，攝取水分後好好休息即可。

☑ 人不可能完全不攝取碳水化合物，若採取斷醣飲食法，可能造成臥床不起的慘況。

編輯部整理

第四章

怎樣吃喝最能減重又養生？傳授你7個飲食祕訣

Q21

「規律吃三餐」與「想吃時才吃」，哪種會讓人發胖？

「最近變胖了……」、「我該認真減肥了……」。這世上在意自己胖的人還真不少，你也是其中的一員嗎？

肥胖引起的疾病，除了高血脂（血脂肪異常症）、高血壓、高血糖這三種代謝症候群之外，還有糖尿病、腎病、動脈硬化。而且，高血壓或動脈硬化是腦梗塞、腦出血、心肌梗塞、狹心症、高尿酸血症、痛風、脂肪肝、胰臟炎等疾病的導因。

根據厚生勞動省的調查，二〇一三年時，日本人的死因第一名是癌症，第二名是心血管疾病（心肌梗塞和狹心症）、第四名是腦中風（腦梗塞和腦出血），**這些死因無疑都與肥胖有關**，所以一定要認真預防及積極改善。

重點在於，要重新審視自己的飲食生活。那麼，所謂良好的飲食生活是什麼呢？各位認為以下哪種飲食習慣有益健康？

①每天在固定的時間享用早、午、晚三餐。

②用餐時間不固定，覺得肚子餓時才進食。

你的答案是哪一個？乍看之下似乎是①比較健康，然而事實是②的習慣比①好。那麼①是哪裡不好呢？

關鍵在於「一天三餐」、「每天在固定時間用餐」。只要和自然界的動物習性做比較，就能明白原因了。

自然界沒有發胖的動物。野生動物幾乎都不是在固定時間吃早、午、晚三餐，而是肚子不餓就不會吃東西。野生動物只有在體內熱量消耗到一定程度，必須補充食物時，大腦才會發出「找東西吃」的指令，然後吃了適當的分量就會停止進食，所以不會發胖。

反觀文明社會，人類到了午休時間就去吃飯，即使已經覺得飽足，但是怕浪費食物，於是勉強自己把食物吃完。

總而言之，想維持良好的飲食習慣，重點在於**覺得餓了，就放鬆心情進食，不覺得餓時，就放下筷子不再進食**。如果能做到這一點，因遺傳或體質影響而發胖的人，不會胖得太誇張，清瘦的人也會瘦得恰到好處，每個人都能維持適合自己的體型與健康。

「攝取對身體有益的食材」是不健康的觀念

吃什麼食物也是保健重點之一。

挑選食材或調味的重點，不在於是否有益身體健康，自己認為美味與否才是選擇基準。所謂的飲食之道，是要能讓你在享用完餐點後，自然脫口說出：「哇，真好吃。」

當脂肪或蛋白質攝取量不足時，大腦會覺得肉類料理真美味。持續一段時間蔬菜攝取量不足時，看到肉會覺得厭煩，反而想吃炒青菜或沙拉。這就是健康的食慾，也是大腦正常運作的證據。當你想吃高油脂或重口味的食物，其實是身體為了維持健康而發出的欲求訊號。

「一定要吃有益身體的食材」這種束縛式的想法，反而會阻撓身體的欲求，是不健康的觀念。當大腦的飽腹中樞與攝食中樞正常運作時，大腦會自行判斷身體所需的進食量。讓大腦這項功能正常運作的方法之一，就是要吃得開心，吃得津津有味。

一天裡選一餐不吃米飯

不過，對於住在家裡的人或是上班族而言，要到了肚子餓時才烹煮身體想吃的食物，似乎很難辦到。這種情況下，建議**一天裡選擇一餐不吃米飯**。

在現今的日本，即使準時吃三餐，大家都有攝食過量的現象。每天三餐都是米飯搭配大量的配菜料理，久而久之代謝症候群會找上門。為了預防這種情況發生，只好選擇一餐不吃米飯。

也許有人會想：「只是一餐不吃米飯有意義嗎？」

然而，事實並非你所想得那樣。根據厚生勞動省公布的「日本人飲食攝取基準（二〇一五年度版本）」，以活動程度普通的人來說，成人男性（十八歲至四十九歲）的一日必需攝取熱量是約為二六五〇千卡（kcal），成人女性（十八歲至四十九歲）約為一九五〇至二〇〇〇千卡。一碗飯的熱量是二五〇千卡至三〇〇千卡，因此一餐不吃米飯，的確可以達到控制熱量攝取的效果。

至於肥胖指數，也就是BMI值，其算法是「體重（公斤）÷〔身高（公尺）×身高（公尺）〕」，如果數值在二五以上就是肥胖，在二五以下不需要減肥。因為人們會依據外表判斷，誤以為自己胖，所以請依據BMI值做好體重管理。

A21

想吃的時候才進食，比每天定時吃三餐更不容易發胖。如果辦不到，就一天裡選擇一餐不吃米飯。

Q22

燃燒脂肪比較有效的時段，是飯前還是飯後？

前文提到，每天規律吃三餐是導致肥胖的原因。空腹時才攝取想吃的食物，或者是一天裡選擇一餐不吃米飯，都能有效改善肥胖問題。

不過，已經是胖子的人可能會問：「這是讓人不會發胖的飲食習慣，但如果想變瘦，該怎麼做才好呢？」想必很多人都想問這個問題。從醫學角度來看，下列哪個方法可以變瘦呢？

①少量多餐杜絕空腹感。

②早餐只攝取少量食物，即使肚子餓，也忍耐到晚上才用餐。

正確答案是②，關鍵就在於空腹感。其實，我們在睡覺或進食時，身體並不會變瘦。當肚子餓到「咕咕叫」時，才是瘦的時機，只有這個時候才會開始燃燒脂肪。在我們用餐後過了一段時間，血液中的醣量（血糖值）下降，大腦接收到血糖下降的訊息，才會產生空腹感。

換句話說，空腹就等於熱量來源的醣分減少的狀態。這時，**被當成預備熱量儲存的體脂肪會開始分解，以補充不足的醣分**。因此，空腹時間較長的②，比經常杜絕空腹感的①更容易燃燒脂肪。

尤其②是在活動量多的白天，會瘦得更快。因此，當肚子餓到咕咕叫，就是減肥的大好時機。

經常有人為了減肥進行飯後運動，但事實上，在**飯前空腹時做運動，保證瘦得更快**。趁肚子餓時，做些會運動到全身的家事，例如：用抹布擦地或打掃庭院等，或是做些簡單伸展操、走路，讓脂肪燃燒吧！

不過，要注意的是，若是在血糖低時進行激烈運動，會變成低血糖狀態，恐怕引起貧血或心臟病發作。請務必遵守「空腹時只做輕量運動」的原則。

A22

空腹時才會消耗身體儲存預備熱量的體脂肪。因此，在飯前空腹時做些輕量運動，比較能夠燃燒脂肪。

Q23

酒是穿腸毒藥還是百藥之長？重點在於怎麼喝！

有人說酒是百藥之長，也有人說喝酒會讓人壽命減短。到底哪個論點才正確呢？請參考以下例子，好好想一想。

你認為**「每天晚上喝一罐啤酒」**的習慣，是有益健康還是危害健康？（編註：一罐約為五百毫升。）

答案是有益健康。**有研究報告指出，相較於滴酒不沾的人，一天攝取三十毫升**

以下酒精的人，因循環器官疾病死亡的機率與整體死亡率都較低（請參照下頁的曲線圖）。

這個研究報告證實，適量飲酒有助於預防心肌梗塞或狹心症等缺血性心臟病，以及腦梗塞等腦血管阻塞疾病。

因為少量飲酒後，高密度膽固醇會增加（編註：一種好的膽固醇，它會將血管內壁導致動脈硬化的膽固醇排除，送抵肝臟代謝儲存），使血管不易產生會阻塞的血栓。而且，有研究報告證實，有飲酒習慣的人動脈硬化的程度，比滴酒不沾的人輕微，心律不整或罹癌的機率也較低。所以，少量的酒可以說是百藥之長。

然而，**只喝點酒就會臉紅、酒量差的人不在此限**。酒精進入體內後，會在肝臟中被代謝，先分解為具有毒性的乙醛，再分解為無毒的醋酸，最後成為水和二氧化碳。約有三至四成的日本人，體內沒有能分解酒精的酵素「乙醛脫氫酶」（ALDH），多數酒量差的人體內都沒有這個成分。

酒精攝取量與死亡率

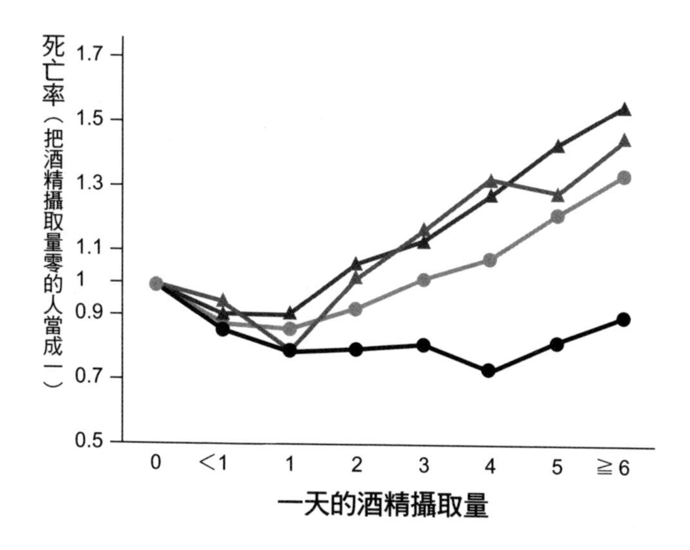

- 攝取量1是指15毫升的酒精（相當於日本酒0.5合、啤酒一小瓶350ml）。
- 攝取量2是指30毫升的酒精（相當於日本酒1合、啤酒一大瓶500ml）。

※上述數據資料，是以日本國立循環器官疾病研究中心的報告《酒精攝取量與死亡率的關係》為依據而製作。

如果體內沒有能夠分解乙醛的酵素，那麼ALDH便會在高毒性狀態下，隨著血液循環流至全身，將對腦部、肝臟等器官，甚至身體整體，造成不良影響。

因此，酒量不好的人如果聽人說喝酒有益健康，就勉強自己喝下一瓶啤酒，反而會招致重病，務必謹慎。

酒量好的人即使身體狀況佳也要多留意

如果每天攝取超過三十毫升酒精，又會是什麼情況？根據世界衛生組織（WHO）的報告顯示，一日酒精攝取量量超過六十毫升，會引發疾病或外傷，但其實一日的酒精攝取量量超過三十毫升，就已經會引發下列疾病。

酒精會傷害食道和胃黏膜，如果大量飲酒，罹患咽頭癌、喉頭癌、食道癌、胃潰瘍、十二指腸潰瘍、胃癌的機率會變高。而且，大量飲酒會使腸道環境惡化，恐怕導致大腸癌。

即使是酒力好、腸道強健的人，也有罹病風險，而且他們通常會罹患沒有任何症狀的沉默疾病，**最常見的就是肝臟方面的疾病**。

如先前所提，肝臟負責分解酒精。因此，持續大量飲酒，會使肝臟產生負擔，在持續飲酒期間，慢性肝炎可能會惡化為肝硬化、肝癌。這些疾病都不會出現疼痛的症狀，因此容易被忽略，總是在不知不覺中病情就惡化了，等到被察覺時通常為時已晚。

此外，大量飲酒時，胰液分泌量會變多，胰臟管出口會腫脹，導致胰液循環受到阻礙。而酒精會刺激胰臟，可能導致急性胰臟炎等胰臟方面的疾病。

「酒豪們」，請馬上改善飲酒習慣

一天能喝超過一公升日本酒的人，可稱為「酒豪」，他們的身體確定已經受到傷害。當你飲酒過量時，**不僅消化器官承受重大負擔，連腦部、心臟也有受損的危**

險。

比方說，在腦部方面，可能會罹患腦組織變成海棉狀壞死的腦軟化症，或是阻礙維生素B1吸收而引起韋尼克氏腦病變、失智症等。在心臟方面，則恐怕會導致酒精性心肌症，當心肌因酒精攝取過度而受損，會出現呼吸困難、恍神等症狀。

酒豪罹患酒精上癮症的機率非常高。一般來說，如果每天喝一千五百毫升的啤酒或三合以上的日本酒，持續十年至二十年，就會罹患酒精上癮症。**一旦罹患酒精上癮症，要戒酒就會變得很困難，必須接受專業治療，過程很辛苦**。到了這個地步，恐怕將因酒喪命。

在日本，酒精上癮症患者約有八十萬人，除了身體狀況極度惡化或是對工作能力造成影響的人會接受治療之外，其他的人幾乎不會接受治療。因此，依據推測估計，隱性的酒精上癮症患者其實高達四百五十萬人，尤其高齡者與女性近來有增多的趨勢。

酒精上癮症可以由日常生活中的一些徵兆觀察得知，如果你發現家人或朋友「飲酒量變多，喝的速度變快」、「經常宿醉，喝酒時常會跟人起爭執」，要盡快說服並陪同他，到酒精上癮症的專門機構接受檢查。

A23

如果一天的飲酒量控制在攝取酒精三十毫升，酒就是百藥之長。若是超過這個份量，酒精反而使你減壽。

Q24

五顆草莓與一片巧克力，吃哪種容易引發糖尿病？

俗諺說：「早上吃水果是金。」所以我們知道早餐吃水果好處多。

水果富含果糖的醣分，果糖容易被身體吸收，因此在需要迅速補充熱量時，果糖是最適合的醣分來源。睡覺時會消耗血中醣分，早上攝取容易吸收的果糖，確實對身體有益。此外，水果也富含水分，早上吃水果可以補充睡覺時消耗掉的水分，對身體也是正面效果。

所以，**早上吃水果可以發揮好的效益，但在晚上吃水果，就得多加注意**。尤其是認為水果比甜點有益身體健康，在晚餐後才吃水果的人更要留意。

為什麼要留意呢？假如飯後甜點是巧克力，只吃了一片，剩下的還可以保存起來，但換成不耐久放的水果，就必須在變壞前盡早食用完畢。比方說，你是否會為了不讓大顆的巨峰葡萄放到變壞，一次就吃完一大串呢？

如果飯後吃下大量的水果，將攝取過多的果糖，而且晚餐後幾乎不會再消耗熱量，因此這樣攝取水果，將**導致多餘熱量在體內合成為中性脂肪，使人變胖，而攝取過多的醣分，也會提高罹患糖尿病的風險**。

其實適當的餐後水果份量，以草莓來說大約是兩顆，換成是葡萄則大概是五顆。無法將餐後水果控制在這個份量的人，換成餐後吃一片巧克力反而更好。

此外，雖然在早上吃水果比晚上好，但是攝取量也要適當。早上的水果建議攝取熱量為八十千卡，以一般水果來說，重量是一百公克至兩百五十公克，相當於香蕉一根或草莓十五至二十顆。請參照下一頁的圖表，牢記熱量八十千卡的水果公克數，隨時提醒自己不要攝取過量。

人們吃水果，或許是想從中攝取維生素C。其實，最近許多瓶裝飲料都添加維生素C，做為抗氧化劑使用，而醃漬食物或是魚漿、肉漿類產品也是如此。因此，現代人平常自然而然就會攝取到維生素C，不需要特地吃水果補充。

A24

若你總是在晚餐後攝取大量水果，倒不如吃一片巧克力，更有益健康。此外，在早上吃水果也務必要適量，不宜過多。

熱量80千卡的水果公克數

食物名稱	80千卡的公克數（g）
草莓	240
葡萄柚	210
晚崙夏橙	210
桃子	200
哈蜜瓜	190
橘子	170
臍橙	170
鳳梨	160
藍莓	160
檸檬	150
奇異果	150
蘋果	150
葡萄	140
芒果	130
香蕉	95

※數據引用資料：《食品80卡路里指南手冊》（香川芳子編著）

Q25 「刨冰和炸物」或是「鰻魚和酸梅」，最傷身的組合是……

日本自古以來流傳一句話：「鰻魚和酸梅不能一起吃。」最近則常聽到人們說：「刨冰和天婦羅不能一起吃。」那麼，實際情況究竟如何？

其實「鰻魚和酸梅」是很棒的組合，酸梅能促進胃酸分泌，幫助人體消化鰻魚油脂。相對的，「刨冰和天婦羅」則是最壞的組合。

油脂若是沒有達到某個溫度，無法融化，所以在吃完油膩的炸物後，又吃刨冰，胃裡的油脂會一直無法融化，變成消化不良，還會對腸道環境造成不良影響。除了刨冰之外，冰涼的啤酒和清涼飲料也是如此，請多加注意。

此外，「起司火鍋和冰啤酒」也是可怕的組合。瑞士流傳這樣的說法：「吃起司火鍋時，不要喝冰啤酒。」遇熱融化的起司在胃裡遇見冰涼的啤酒，便再度凝固。而大家都知道，這樣會引起消化不良。

還有一個大家可能都意想不到的不優組合，那就是「拉麵跟飯」。拉麵和飯都是碳水化合物，且維生素B1含量不多。然而，維生素B1是將碳水化合物轉換為能量的重要物質，因此當**碳水化合物攝取量過高，維生素B1相對不足時，身體無法將碳水化合物轉換為能量，而是轉換為脂肪，於是導致肥胖**。

藥物與食物的危險組合

藥物與食物也有許多恐怖組合。食物中有許多成分會對常用藥的藥效造成不良影響。

比方說，咖啡、茶、紅茶等富含丹寧酸的飲品，與治療貧血使用的鐵劑最不合。當丹寧酸與鐵結合時，會阻撓鐵質的吸收。

葡萄柚也是需要注意的食物。喝了葡萄柚汁後又服用心臟病或偏頭痛的藥物時，將導致藥效過強，**有時藥的濃度甚至會變成是平常的十倍**。葡萄柚如果與某種降血壓藥物（鈣離子通道阻滯劑）一起服用，血壓會突然降得很低。葡萄柚所含的呋喃香豆素成分，將阻礙體內酵素分解降壓劑的作用。

這樣的影響不只是同時攝取時才會發生。有報告指出，在喝了葡萄柚汁十小時後服用藥物，也會出現這個症狀，所以請務必提高警覺。

下一頁的圖表中，列舉出藥品與食物的危險組合。如果表格中有你常服用的藥物，請你要多加小心。

除了以上列舉的例子外，關於你服用的其他藥物與哪種食物是危險組合，請在

藥物與食品的危險組合

藥物	食品	原因
抗血栓藥物	納豆、芹菜、綠球藻、菠菜、青汁等。	納豆等食物富含的維生素K與藥物不合，不但會削減藥效，還可能提高血栓的風險。
骨質疏鬆症藥物	優酪乳、牛奶等。	與鈣、鐵質不合，會削弱藥效。
抗生素	動物肝臟（雞肝、豬肝）、鮟鱇魚肝等。	動物肝臟富含的維生素A與藥物不合，嚴重時引發頭痛。
強心劑	沙丁魚、小魚乾、鮟鱇魚肝等。	沙丁魚等魚類富含的維生素D與藥物不合，恐怕引發心律不整，非常危險。
抗憂鬱劑	起司、酪梨等。	起司等食物富含的酪胺成分與藥物不合，會引發頭痛、血壓上升。
頭痛藥、安眠藥	酒精。	酒精使血液循環變好，藥效加強，所以不要以酒服用藥物，嚴重時導致記憶障礙。
退燒止痛劑	碳酸飲料。	飲用碳酸飲料會使體質偏酸，造成含有阿斯匹靈成分的藥物藥效減弱。

服藥前諮詢醫師或藥劑師，以求安心。

A25

當你用餐時，請小心「拉麵與飯」、「刨冰與炸物」等的危險組合。今後務必對於藥物與食品的契合性，更加提高警覺。

Q26 黑烏龍茶與綠茶都標榜能使脂肪不易堆積，所以有瘦身效果？

在日本，所謂的「特保」是指國家認可的特定保健用食品。科學上已經證明，特定保健用食品含有可影響身體生理機能的成分，有助於血壓或血中膽固醇維持正常數值，還可以調理腸胃狀況。製造這類保健食品的廠商，會提出科學根據，接受有效性及安全性的審查，才能得到國家許可。到目前為止被認可的主要保健機能成分，如第149頁的圖表所示。

那麼，這些成分的效果如何呢？比方說，號稱「能抑制脂肪吸收」、「幫助脂肪燃燒」的特定保健茶飲，真的是喝了就會變瘦嗎？

事實上，即使喝了這樣的特定保健茶飲，也不會變瘦。更何況，廠商沒有肯定的說這些產品能讓人變瘦。那麼，為何消費者認為這類保健食品能讓人變瘦呢？

這跟宣傳有莫大關係。比方說三得利製造的特定保健食品「黑烏龍茶」沒有宣稱具有瘦身效果，只標榜「能抑制脂肪吸收，不易形成體脂肪」但是電視廣告卻打出「消滅脂肪」的口號，讓消費者誤以為「只要喝了黑烏龍茶，就能讓脂肪消失，就等於會變瘦」。

除了黑烏龍茶外，同類型商品的花王 healthya 系列也沒有宣稱「能瘦身」，只說「能提高脂肪燃燒力」。這類飲品並不是喝了就能瘦，但是人們看到廣告中脂肪燃燒的影像，會誤以為喝了就能瘦。

既然喝了不會瘦，為何能有「不易形成體脂肪、提高脂肪燃燒力」的效果呢？

到目前為止已被許可的主要保健機能成分

標示內容	保健機能成分
調整腸胃環境的食品	木糖醇寡糖、半乳糖寡糖、聚葡萄糖、木寡糖、關華豆膠分解物、洋車前子種皮、啤酒酵母萃取膳食纖維、果寡糖、乳果糖、寒天萃取膳食纖維、小麥麩質、大豆寡糖、低分子化褐藻酸鈉、難消化麥芽糊精、乳果寡糖、比菲德氏菌、乳酸菌等
適合高血壓的食品	酪蛋白多肽、柴魚寡糖多肽、沙丁魚多肽、乳酸多肽、杜仲葉配糖體
適合高膽固醇的食品	殼聚糖、洋車前子種皮萃取膳食纖維、大豆磷脂質結合大豆多肽、植物烷醇酯、植物固醇、低分子化褐藻酸鈉、大豆蛋白
適合血糖值異常的食品	L-阿拉伯糖、芭樂葉多酚、難消化麥芽糊精、小麥白蛋白、豆豉萃取
幫助礦物質吸收的食品	CCM（檸檬酸蘋果酸鈣）、CPP（酪蛋白磷酸多肽）、果寡糖、血基質鐵
抑制餐後血中中性脂肪形成的食品	二酰基甘油、球蛋白分解物
預防蛀牙的食品	麥芽糖醇、巴拉金糖、茶多酚、還原巴拉金糖、赤蘚糖醇
維持牙齒健康的食品	酪蛋白多肽-非結晶磷酸鈣聚合物、木糖醇、麥芽糖醇、磷酸氫鈣、磷酸氫鈣萃取物類（海蘿膠）、還原帕拉金糖、第二磷酸鈣
抑制體脂肪形成的食品	二酰基甘油、二酰基甘油植物固醇（β-固醇）
骨骼保健食品	大豆異黃酮、乳鹽基性蛋白質

※資料來源：東京都福址保健局（http://www.fukushihoken.metro.tokyo.jp/）

若是你仔細看廣告，會發現畫面角落標註了一排字：「本商品不是醫療品而是食品，效果會因人而異。」有許多保健食品也會明示類似的內容。要注意的是，若是真的有功效，就會從食品變成藥品了。

總之，特定保健食品只是可期待有輕微效果的食品罷了。

特定保健食品不等於安全

如果為了增進健康而服用保健食品，當然沒有問題。不過，最令人擔憂的是，時常有人在服用保健食品後，自行停止服用必需的藥物。

舉例來說，必須服用高血壓藥物的患者，因為每天喝了具有降血壓效果的保健飲料，而自行停止服用降血壓藥物。由於安慰劑效應確實能讓血壓暫時降低，於是他深信是因為保健飲料而控制住血壓，最後導致動脈硬化症狀惡化，不得不住院治療，才後悔自己做了蠢事。

如果認為貼有特定保健食品標章就等於安全無虞，那可就大錯特錯了。舉例來說，因具有「不易形成體脂肪」效果，而被認定為特定保健食品的花王「益品年食用油」（Econa Cooking Oil），在二〇〇九年時，被驗出含有高濃度致癌性物質，而遭到勒令停止販售。其他還有幾項特定保健食品，雖然現在還沒發現問題，但安全性讓人懷疑。

請大家一定要弄清楚，特定保健食品只是被認可具有特定效能的商品，並未保證安全無虞。

A26

認為食用特定保健食品可以瘦身，是錯誤的想法。請牢記，特定保健食品標榜的功效絕對不及藥效。

Q27 奶油與人造奶油，哪個是美國政府禁止的危險食品？

二〇一三年十一月時，美國發布消息：美國食品藥物管理局（ＦＤＡ）建議禁止使用反式脂肪酸。

所謂的「反式脂肪酸」是脂肪的一種，又稱為「逆態脂肪酸」、「反式酸」、「反式脂肪」。在天然植物油中幾乎不含反式脂肪，然而在製造植物奶油時，為了使油脂呈現半固態，而以人工方式加入氫，於是在氫化過程中產生了反式脂肪。

使用植物奶油加工製造的人造奶油、起酥油、塗抹奶油、美乃滋等，都含有反式脂肪。

在歐洲地區，從很早以前就有越來越多國家禁止使用反式脂肪。有研究指出，人體若是攝取過量的反式脂肪，低密度膽固醇（壞膽固醇）會增加，罹患心臟病的風險也會提高。

二〇一三年起，美國開始管制反式脂肪的使用，而且規定相當嚴格。起先是提出「原則上禁止在美國境內使用人造奶油」的方案，最後變成「原則上禁止食品使用反式脂肪」。這個政策實施後，在一年內可以預防兩萬人心臟病發作，而因心臟疾病死亡的人數可以減少七千人。

因為這個政策，美國的知名炸雞、漢堡、甜甜圈等連鎖店都受到規範，全面禁止使用含反式脂肪的食品。雖然美國已經明文禁止使用反式脂肪，**但日本的商店卻仍然使用**。在日本，超市、便利商店、餐飲店中，到處都充斥著含有反式脂肪的麵包、糕點、炸物、罐頭食品、冷凍食品。

在日本，反式脂肪尚未被視為是大問題，但是其他國家紛紛禁止使用。為了自身的健康著想，還是要極力避免食用含有反式脂肪的食物。請參考下一頁的圖表，在日常飲食生活中多加提防吧。（編註：我國衛福部食藥署在二〇一五年時決定，最快於二〇一八年後，禁止在食品中添加不完全氫化的植物油，違者將依《食品安全衛生管理法》最重罰三百萬元。）

此外，除了反式脂肪，還有各種可能引發問題的食品添加物。請參考第156頁的「危險添加物一覽表」，培養慎選商品的能力。

必須注意含有反式脂肪的食品

油脂類

人造奶油、塗抹奶油、起酥油。

糕點類

海綿蛋糕、麵包、甜甜圈、英式餅乾、美式餅乾、爆米花。

調味料、辛香料

美乃滋、沙拉醬。

乳類

植物性奶油粉、植物性咖啡奶精、植物性鮮奶油。

※即使屬於上述列出的產品，有的產品會因製作過程不同，不含反式脂肪。

危險添加物一覽表

可能會危害肝臟、免疫功能的添加物

甜味劑 乙醯磺胺酸鉀、三氯蔗糖

具致癌性或疑有致癌性的添加物

著色料 苯胺色素（焦油色素）（紅色2號、紅色3號、黃色40號、紅色102號、紅色104號、紅色105號、紅色106號、黃色4號、黃色5號、藍色1號、藍色2號、綠色3號）、二氧化鈦、焦糖III、焦糖IV

甜味劑 阿斯巴甜、L-苯丙胺酸化合物、紐甜、糖精、糖精鈉

發色劑 亞硝酸鈉（產生化學變化的亞硝胺類，被認為具有強大致癌性）

防霉劑 OPP、OPP鈉

漂排劑 過氧化氫

乳化劑 聚山梨醇酯60、聚山梨醇酯80

防氧化劑 BHA、BHT

麵粉改良劑 溴酸鉀

具有強烈急性毒性，可能會影響內臟器官功能

防霉劑 抑黴唑、聯苯

漂白劑 亞硫酸鈉、次亞硫酸鈉、焦亞硫酸納、焦亞硫酸鉀、二氧化硫

防腐劑 安息香酸、安息香酸鈉（安息香酸與安息香酸鈉會與維生素C產生化學反應，變成引發白血病的苯）、對羥基苯甲酸酯

※資料來源：《能吃的是哪一個？》（渡邊雄二著）

A27

日常生活中，要極力避免食用在美國已被禁用的人造奶油，以及用反式脂肪所製成的食品。也要避免攝取其他的危險食品添加物。

重點整理

- 比起定時吃三餐，在想吃的時候進食才不容易發胖，或是一天裡挑一餐不攝取澱粉。
- 空腹時才會開始消耗體脂肪，所以在飯前做運動比較能達到燃燒脂肪的效果。
- 每天攝取三十毫升以下的酒精，比起滴酒不沾，有助於降低死亡率。
- 當你用餐時，要注意食物有不適合一起吃的組合。服用藥物時，務必諮詢醫師或藥劑師。
- 特定保健食品只是被認可具有特定效果，並非安全保證，而且效果絕對比不上藥品。

編輯部整理

第 五 章

怎樣工作與生活能遠離病痛？你得掌握 8 個基本觀念

Q28 有壓力與沒壓力的人，誰比較容易被病毒入侵？

請各位先思考壓力的定義。

一般說來，壓力通常是指讓人感到辛苦或痛苦，對精神層面造成負面影響的因素。因此，正確說法應該將造成壓力的因素稱為「壓力源」。

以醫學角度來看，所謂壓力是指當身體遭遇寒冷、外傷、生病等外來因素，以及內心感到憤怒、悲傷、不安而精神緊張時，身體為了適應這些壓力源所產生的

「反應」。

比方說，因為太高興而流淚、因為冷而起雞皮疙瘩，都算是一種「壓力＝反應」的表現。換句話說，**沒有壓力（反應），就是對於壓力源（刺激）感覺遲鈍的狀態**。這時候，身體排除入侵體內細菌或病毒的免疫力減退了，所以處於病毒容易入侵的狀態。

所以，處於有適當壓力的環境其實是件好事。不過，**若是一直處於壓力過度的環境下，負責消滅病毒的免疫細胞能力會變弱，於是病毒入侵**。當壓力過度，身體無法適應，便會影響自律神經系統及內分泌系統，導致免疫力下降。

在高壓的現代社會，壓力過度可說是嚴重的問題。

健康入笑門

當我們身處在充斥壓力源的環境時，該如何度過呢？

首先，要想想培養免疫力的方法。要培養免疫力，必須多笑。即使是裝笑，只要發出「哈哈哈」的笑聲，就能活絡具有減壓作用的自然殺傷細胞（Natural Killer Cells）。

所謂的「自然殺傷細胞」，就是會直接攻擊病毒和癌細胞的免疫細胞。自然殺傷細胞會隨著年紀增長而活力變差，所以年紀越大，罹病風險越高。除了發聲大笑，以下幾點也可以活化自然殺傷細胞：

①飲食營養均衡。

②優質睡眠。

③適度運動。

④保持溫暖（禦寒）。

⑤少抽菸。

⑥ 適度飲酒。

為了盡可能減輕壓力對身心所造成的影響，一定要查出自己正在承受的負面壓力源，以做好自我壓力管理。

如果行程緊湊，就稍微緩一下，一定要預留休息時間讓自己放鬆。當你覺得精神極度不安時，要確認不安的原因，尋找抒壓方法，為自己擬定適合的自我壓力管理計畫。

A28

適度的壓力對健康有益。不過，像現代社會的高壓環境，會提高罹病風險，所以必須適度放鬆，做好自我壓力管理。

Q29 喜歡工作或是討厭工作，哪種人會心肌梗塞而喪命？

前面曾經提到，高爾夫球的推桿壓力是導致心肌梗塞的原因之一。**因為人一旦感到壓力，血液中的紅血球數目就會增加，血液會變得濃稠，發生血栓的機率便提高。**

而且前文也提到，過度的壓力會導致自律神經系統及內分泌系統異常，於是代謝功能變得混亂，血壓和血糖升高，膽固醇等的血中脂肪量失衡，造成血管快速老化，這是引發心臟疾病的原因之一。罹患冠狀動脈硬化這類心臟疾病的人，如果承受了超越容忍限度的壓力，血壓便急速上升，恐怕會引發狹心症。

醫學上也有實驗報告證明，壓力與心臟疾病具有關聯性。美國醫師弗里德曼依據這個說法，推算出什麼樣性格的人容易罹患心臟疾病的方法。首先，請試做下頁的問卷調查。

做完問卷後請加總分數，你的分數是多少呢？

總分在六至八分的人，很可能就是弗里德曼醫師檢測出來，容易罹患心臟疾病的A型性格。**A型性格的人容易因為芝麻小事就暴怒或過度興奮**。因此，這種人的血壓容易升高，對心臟及腦血管造成重大負擔。

另一方面，B型性格的人正好與A型相反。問卷調查總分在三分以下的人，可說是B型性格的人。B型人的個性特徵是「我行我素，不在意與人競爭，也不在意勝負與否」、「喜歡悠閒生活步調，即使遇到問題，依舊保持溫和穩健的態度」、

「如果過度勞累或壓力過大，會自行適度休養」。**B型人在職場及社會上的適應力較差，但總是能保持身心健康。**

依據弗里德曼醫師這份性格與心臟疾病關係的資料，在二〇〇八年時，日本國立癌症研究中心的預防研究團隊，發表了以日本人為研究對象的報告結果。

這份報告的結果竟與歐美國家的資料正好相反！在日本，**若只看男性部分的話，B型人心臟病發作的機率竟比A型人高出一・三倍**。另一方面，女性部分跟歐美的假設結果相同，兩者沒有明顯差異，B型人的心臟病發作機率是A型人的〇・八倍，機率偏低。

為什麼會出現這樣的結果呢？該研究團隊針對這次的結果做出以下分析。相較於個人主義盛行的歐美社會，重視協調性的日本社會一向對於「急躁、易怒、具競爭心、積極性、敵意感」的行為表現，抱持否定態度。因此，A型行為模式的男性找公司同事去喝酒，以抒解壓力。另一方面，B型行為模式的男性則是將壓力往心

性格診斷問卷調查

符合的項目畫〇，並計算總分。

① 急躁程度

0：不疾不徐　1：普通　2：急躁

② 暴躁程度

0：個性溫和　1：普通　2：易怒

③ 積極性

0：消極　1：普通　2：積極

④ 競爭心強度

0：即使輸了也不難過　1：普通　2：競爭心強烈

分數總計

①+②+③+④=

※本問卷的問題和答案，皆是依據日本國立癌症研究中心、癌症預防及檢診研究中心預防研究團隊、多目的世代研究（JPHC Study）的《A型行為人與缺血性心臟病發作機率的關係》研究報告而製作。

裡擺，於是罹患缺血性心臟病的可能性便升高。

換句話說，原本容易導致心臟疾病發作的A型性格，在日本企業文化中如魚得水，於是發病機率降低。說得更深入一點，A型人原本就是工作狂，非常能適應充滿過勞危機、工作滿檔的現代日本企業，也大多能維持良好的人際關係，所以能夠順利抒解壓力。

相反的，日本的企業文化不認同B型性格，B型人無法順利排解壓力，於是人際關係不順，導致內心充滿壓力。因此，日本的研究結果才會與歐美國家不同，變成是B型人的心臟病發作機率比較高。所以，在現代的日本企業社會，討厭工作的自由人比熱愛工作的工作狂更需要提高警覺。

總而言之，不管結果如何，一旦累積壓力，最後一定會生病。不論你是A型人或B型人，都不能掉以輕心，必須從平日開始懂得抒壓，做好自身的壓力管理。

A29

在日本的企業文化下，討厭工作的自由人更要當心心臟方面的疾病。

Q30

更年期障礙與肩膀痠痛，其實都不是病！

近年來，陌生的疾病名稱變多了。

比方說，各位聽說過「非典型憂鬱症」嗎？通常只要罹患憂鬱症，抑鬱症狀會持續兩週以上。可是，罹患非典型憂鬱症的人，如果發生開心的事，心情會暫時變好。舉例來說，工作時呈現憂鬱狀態，只要一離開公司就恢復平常的狀態。二十歲至三十歲的年輕人中，有許多人罹患了這種媒體所謂的「新型憂鬱症」。

此外，每年都有新的疾病名稱誕生，像是以原因不明疼痛為主要症狀的疾病，被取名為「風濕性多肌痛症」。不過，我認為這樣的趨勢並不好。這個世界上有太多我們無法理解的事，當然醫師不懂的事情也很多。不過，有些人的作法是，對於不懂的事不說「我不懂」，反而直接取新的病名，然後透過一連串的檢查與藥物測試，看看能否改善。

請忘記「更年期」三個字

取病名當然有好處，知道病名會比原因不明更讓患者安心，也能讓世人對於該疾病有更深入的理解。非典型憂鬱症（新型憂鬱症）就是最佳例子。

不過，**原因不明、不知道是什麼病，其實也有許多好處**。「更年期障礙」就是個好例子。女性到了四十歲至五十歲的停經前後年紀，因為女性荷爾蒙分泌量減少，會出現各種自律神經失調的症狀。就像青春期的身體最後會習慣成人期的身體一般，所謂**更年期障礙，就是中年期身體要習慣老年期身體的自然過程**。

然而，因為有了「更年期症狀」或「更年期障礙」之類的病名，有些人會以為自己陷入異常狀態而感到焦慮，接著便萌生想要加以改善的念頭，深信自己一定要補充女性荷爾蒙，於是變得非常在意，反而使症狀拖延更久。

「肩膀僵硬」也是一樣的情況。英文中有「shoulder pain」（肩膀痛）或「neck stiff」（頸部僵硬緊繃），但沒有與日文的「肩膀僵硬」相對應的名稱。有些長期居住在日本的外國人，是因為身邊人告訴他那是肩膀僵硬，才第一次知道這個名詞，並且開始在意。

「更年期障礙」與「肩膀僵硬」這兩種問題，都是若沒有病名，不舒服的感覺就會在不知不覺中消失。有了病名，就會開始在意，但如果過度在意，只是徒使症狀拖延而已。

當你感到身體不適，應該去醫院就診檢查，如果被醫師診斷為「更年期障礙」，就想成是老化現象即可，把「更年期」三個字忘掉吧！根本不需要那麼在意。

A30

更年期障礙與肩膀僵硬都不是病。當你的身體不適被診斷為更年期障礙時，就想成是老化現象，只要不要太在意，症狀自然會迅速改善。

Q31 柏青哥與麻將，玩哪一種可以預防失智症？

人的年紀越來越增長，就會開始在意失智症的問題。

根據厚生勞動省的調查，日本在二〇一二年時，六十五歲以上、患有失智症的人約有四百六十二萬人。不論是對於現在已屆六十歲的人，還是上有高堂要奉養的人，失智症都是他們關心的課題。

現在雖然醫學發達，但仍尚未發現完全根治失智症的方法。因此，早期預防變得非常重要。關於該如何預防失智症，你認為下列哪種方法比較有效？

①每週玩一次柏青哥。

②每天握著手握型的穴道按壓健康器材。

正確答案是①。常聽人們說，預防失智症的祕訣就是多動動手、多跟人說話，這些行為能夠有效刺激大腦，非常重要。從這個觀點來看，②的方法不見得不對，至少也有預防失智症的效果。

重點在於，即使有效果，如果當事人沒有執行的意願，對大腦的影響便會減弱，預防失智症的效果也會大幅降低，因為「想做」的意願會刺激腦部的大腦邊緣系統，達到預防失智症的效果。因此，即便讓當事人一成不變、機械式的持續握著健康器材，也無法期待有太大的效果。

至於柏青哥，基本上都是因為喜歡玩才去玩，所以具備想做的意願。雖然玩柏青哥幾乎不怎麼用到手，也沒有跟人對話，但就刺激大腦這一點來看，效果還不錯。其實，已有老人養護之家為了預防失智症，而引進柏青哥機台。

至於本節題目提到的麻將，當人們樂在其中時，會對大腦產生極大的刺激。有老人養護之家設置麻將桌，讓老人打麻將。不過，賭博性遊戲要花錢，而且過度熱衷所產生的壓力可能會引發心肌梗塞，因此在考量各種風險後，我不推薦這樣的方法。

抱持玩樂的心態，不要想輸贏。發現思考的樂趣、跟朋友聊天的樂趣，然後打從心裡樂在其中就好！

A31

想預防失智症，活化大腦很重要。但如果是強制的操作，便毫無意義。基於這個觀點，柏青哥和麻將不失為預防失智症的好方法。不過，這兩項活動畢竟是賭博性娛樂，帶有其他風險，建議最好尋找其他具有高度預防效果的嗜好。

Q32 導致老花眼的是智慧型手機，還是普通手機？

現代人因為不想聽到別人說：「你還沒有換智慧型手機嗎？」於是人手一支智慧型手機。然而，如果你現在還在使用傳統手機，從健康的角度來看，不需要特地換成智慧型手機。**因為智慧型手機或平板電腦所發出的藍光，是導致青光眼、白內障、視網膜剝離的原因之一**。

所謂「藍光」，是相當於雷射光、光源很強的長波光。最近，市面上已經有阻絕藍光的眼鏡上市，相信大家都已經知道藍光帶來的不良影響。

而且，在二〇一三年召開的「第一屆國際藍光座談會」中，有報告指出**長時間盯著藍光看，會阻礙褪黑激素的形成**。

褪黑激素是幫助好眠的腦內荷爾蒙。人在早晨沐浴於日光下時，會重新設定體內時鐘，大腦接收到這個訊息就會抑制褪黑激素分泌，使人清醒。然後，過了十四至十六個小時後，會再開始分泌褪黑激素，睡意就會降臨。不過，要是到了晚上，還讓自己處於藍光環境下，大腦會誤以為還是白天，而抑制褪黑激素分泌。

長期持續這種情形，睡眠機制與覺醒機制會產生錯亂，可能引發失眠等的睡眠障礙症狀。在科學方面，藍光的壞處尚在研究中，但為了自己的健康，還是謹慎為上。

不得已必須在晚上工作，而使用智慧型手機或電腦的人，最好戴上抗藍光眼鏡防護。

智慧型手機會導致老花眼

最近，年輕人因為長時間使用智慧型手機，導致提早出現老花眼症狀，這個現象已然成為社會問題。

導致老花眼的主要原因，是眼睛負責聚焦工作的「毛様體肌」衰退，以及頸部或肩膀血液循環不良。

長時間盯著智慧型手機螢幕，會使毛様體肌的肌力衰退。原本自然的情況下，一分鐘眼睛會眨眼約二十次，當盯著螢幕看，眨眼次數便減為五至六次，於是眼睛會乾燥，覺得更加疲勞，這與頸部和肩膀僵硬，也就是肩頸的血液循環不良有密切關係。

如果必須使用智慧型手機，最好時常讓眼睛離開螢幕望向遠方，還要提醒自己多眨眼，並適度休息。最好每半小時休息十分鐘，轉動一下肩膀和手臂，或是到戶

褪黑激素的分泌與藍光的關係

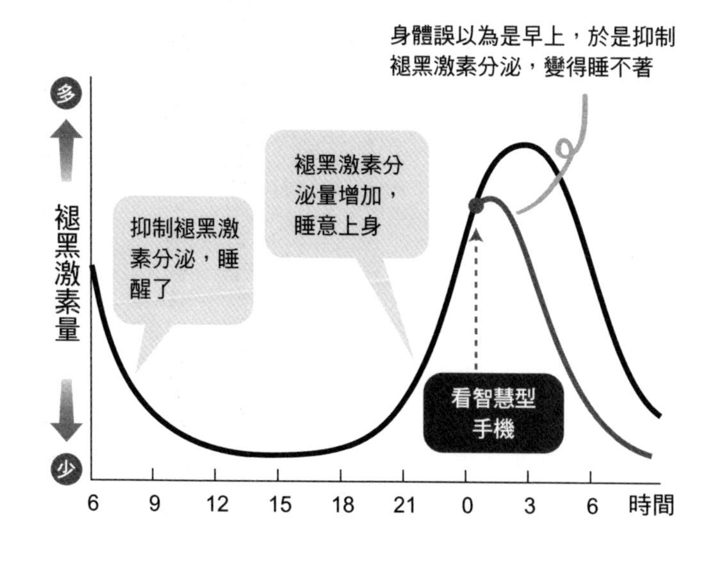

外散步，不僅能消除眼睛疲勞，還能排解全身僵硬感。

A32

使用智慧型手機與平板等3C用品時，要小心藍光，可以配戴抗藍光眼鏡。長時間使用智慧型手機，恐怕會提早得到老花眼。

Q33

你是否知道，常點市售眼藥水會造成失明？

各位曾有至眼科看診，拿到眼藥水處方的經驗嗎？曾經被醫師診斷要點眼藥水治療的人，或許心裡有以下的疑問：**「為什麼眼科給的眼藥水，使用期限那麼短？」**

其實，並不是眼科開立的眼藥水保存期限短，而是市售眼藥水的保存期限長。**市售眼藥水中幾乎都含有防腐劑，所以才能延長保存或使用期限。**當你使用了含有防腐劑的眼藥水，若是你的眼睛健康，淚水會幫你洗去防腐劑，不會造成任何問題。

但是，若因為空調或過度使用智慧型手機，而引發了乾眼症，無法用淚水幫眼球洗去防腐劑，那麼防腐劑會殘留在眼睛裡，可能會弄傷角膜上皮，這是非常危險的事。**即使是乾眼症使用的市售眼藥水，成分中也有含防腐劑**。當你覺得眼睛乾澀時，建議最好不要使用市售的眼藥水。

的確，也有部分的市售眼藥水不含防腐劑。如果眼睛乾澀讓你難受，想暫時緩解，請選擇清楚標示未含防腐劑，且開封後使用期限短的眼藥水。此外，宣稱能改善眼睛充血症狀的眼藥水，也要多加留意。這類型的眼藥水中，多數添加了血管收縮劑，血管收縮劑的效果可以讓充血暫時消失。但是，若因為眼球受傷或細菌感染導致眼睛充血，這類型的眼藥水就無法根除病因。

當你發覺症狀獲得抑制，以為治癒了，但事實上症狀正在惡化，最後恐怕會變成急性失明。因此，萬一眼睛充血時，建議你馬上去看眼科。

不需要使用眼藥水

眼睛沒生病的人不需要點眼藥水，因為眼睛本身就擁有天然的眼藥水——眼淚。眼淚的主要成分是水分，但其中有一%至二%是鉀、鈣、維生素、氯等成分，等於眼淚負責將養分送到眼睛。因此，**常點眼藥水反而會將眼淚的養分洗掉。**

覺得想睡就點眼藥水、有點累也點眼藥水……。有以上習慣的人為了健康著想，最好戒掉這個習慣。否則，你的眼睛狀況將會越來越糟。

此外，還有人在卸下隱形眼鏡後，使用市售的洗眼藥清洗眼睛。市售洗眼藥是將液體裝在小容器裡，使用者再將容器蓋在眼睛上，利用眨眼的動作清洗眼睛。只不過，容器容易髒，附著於眼周的細小汙垢恐怕會傷害到角膜，所以不建議你這麼做。

如果平常有使用洗眼藥清洗眼睛的習慣，將對眼睛造成重大負擔，最壞的情況恐將會失明。那麼，覺得眼睛髒或乾澀時，該如何處理呢？

請你用力眨眼數次，然後就會流眼淚，幫你自然清洗眼睛。用眼淚洗眼睛不會有任何清涼的感覺，但眼淚不像市售洗眼藥或眼藥水，它很安全，沒有危險。

如果眼睛乾澀嚴重，請到眼科接受診治。在除此以外的情況，眼淚是天然的眼藥水，能幫你解除輕微的眼睛不適。

A33

使用市售眼藥水，千萬要注意。尤其是當眼睛乾澀或充血時，隨便自行點市售眼藥水是非常危險的行為。

Q34

每天需要的睡眠時間，到底是六小時還是八小時？

人每一天應該睡多久呢？是六小時、七小時還是十小時？實在無法用一句話來斷定睡多久才正確，因為每個人需要的睡眠時間不同，有的人即使只睡三小時，也能完全消除當天的疲勞，隔天醒來神采奕奕。對這個人而言，適當的睡眠時間可說是三個小時。

因此，要以一整天的精神狀況，來判斷自己適合的睡眠時間。如果能睡足休養身心所需的時間，白天便不會打瞌睡，也不會有睡眠不足的感覺。相對的，睡眠不足的人一早就會感到昏昏沉沉，或者是心情不佳，頭腦和身體都不想動。

記錄每一天的感覺與睡眠時間，就可以找出自己最適合的睡眠時間是多久。

優質睡眠的基準是？

不過，有些人即使睡再久，還是覺得精神不濟。如果你屬於這種情況，便要重新檢視睡眠品質。

何謂「優質睡眠」？關鍵之一，就是**「快速動眼期睡眠」**與**「非快速動眼期睡眠」**。

當我們睡覺時，這兩種睡眠不斷反覆出現。關於快速動眼期（Rapid Eye Movement），我們仔細觀察人睡眠中的眼睛，會發現如同字面所言，只有眼球在轉動。在快速動眼期睡眠時，人們會流汗、血壓不穩、呼吸變快，也會做夢，並將

快速動眼期睡眠與非快速動眼期睡眠示意圖

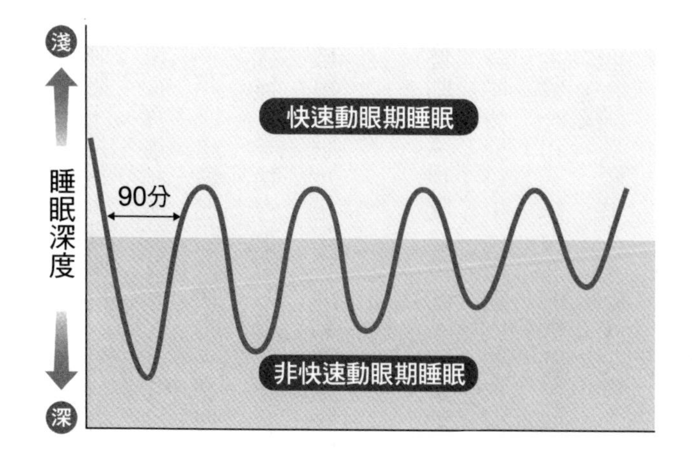

白天的所見所聞記憶在大腦裡。

非快速動眼期睡眠，是從入睡時的「昏昏沉沉」進入至「甜睡」、「熟睡」的階段，整個身心都處於深度睡眠的狀態。

當人們睡覺時，非快速動眼期睡眠與快速動眼期睡眠的交替算是一回合，一回合的時間約為九十分鐘，一晚會重複四至五回合。

然而，所謂的**優質睡眠**，**是指快速動眼期睡眠與非快速動眼期睡眠的頻率固定出現的狀態**。

尤其是最初兩個回合（也就是最初三小時）的睡眠最重要。在這段最初深層的非快速動眼睡眠，身體會分泌生長激素，並修復免疫功能。而且，大腦的皮質活動趨於穩定，「保護大腦」和「修復」的機制會啟動，讓大腦休息。

當我們很想睡時，只要睡個十至二十分鐘，便覺得精神飽滿，就是因為這個機制啟動的關係。

睡再久也沒有熟睡感，是疾病的徵兆

不過，有個會阻撓優質睡眠的疾病，就是所謂的「睡眠時無呼吸症候群」。無呼吸的定義是，流經氣管的空氣超過十秒靜止不動的狀態。假如一個晚上（平均睡眠時間七個小時）無呼吸狀態出現三十次以上，或是一個小時內平均五次以上，就可確診為睡眠時無呼吸症候群。

雖然呼吸停止時不至於斷氣死亡，但如果症狀惡化，會對白天的活動造成莫大影響。無呼吸狀態通常發生於非快速動眼期，當無呼吸時，睡眠狀態會從非快速動眼期轉換為快速動眼期。

換句話說，**睡眠時無呼吸症候群患者，幾乎無法擁有深眠的非快速動眼期睡眠**。因此，白天會覺得很想睡，而且很疲倦，注意力會無法集中。

如果你即使睡再久，還是沒有熟睡感，可能罹患了睡眠時無呼吸症候群，請趕快去醫院檢查。最近，無呼吸診所或睡眠方面的專科診所都有增加的趨勢，有利於患者就診。

A34

每個人需要的睡眠時間不盡相同。所謂優質睡眠，是指非快速動眼期睡眠與快速動眼期睡眠規律交替出現的狀態。如果有原因阻礙兩個睡眠期規律出現，就無法產生熟睡感。尤其要小心是否罹患了睡眠時無呼吸症候群。

Q35

想要一夜好眠？除了適合的枕頭，還可以搭配……

關於睡眠品質，還有一項重要因素，那就是「翻身」。

如果你早上醒來身體疼動、感到倦怠，很可能是昨晚翻身不順。沒有翻身，等於身體長時間處於相同姿勢。當身體固定不動，會出現頭痛、肩膀僵硬、腰痛等症狀，嚴重還會導致頸椎椎間盤突出。

健康的人會不斷翻身熟睡，若無法適當翻身，會醒來好幾次，當然無法擁有優質睡眠。那麼，如何才能佈置有利於翻身的環境呢？

重點在於枕頭。如果枕頭太軟，或是枕頭有凹洞剛好卡住頭部、固定住頭部，都會讓你無法翻身，一直醒來。

所謂的**優質枕頭，就是讓你翻身時，頭部和身體都可以順暢活動**。因此，最適合的枕頭高度與硬度因人而異。如果你每次一翻身就醒過來，早上醒來時身體痛、沒有熟睡感，可以到寢具專賣店找適合自己的枕頭。最近大型百貨公司的寢具專櫃，都有舒眠諮詢師或睡眠師進駐，能幫忙妳找到適合的枕頭。

另一方面，芳香精油的重要性雖然不及枕頭，但是能幫助營造優質睡眠環境。當你睡不著時，其實是白天的緊張感沒有消失，交感神經依舊處於活躍的狀態。這時候，氣味佳的香氣具有高度放鬆效果，可以促進神經休息，也就是副交感神經的作用變得活躍。

尤其薰衣草、橙花、玫瑰精油等香氣，擁有絕佳的鎮靜效果，非常推薦。可以利用精油燈或擴香瓶，讓房間飄滿舒適的香氣。

除了以上的方法之外，在睡前泡個三十八度左右的溫水澡，或透過輕運動來活動全身關節，都可以消除緊張感，讓你一夜好眠。

A35

能讓你順利翻身的枕頭是優質睡眠的必備用品。芳香療法的重要性雖不及枕頭，但也有促進好眠的效果。

重點整理

☑ 適當的壓力有益健康，但過度的壓力反而會提高罹病風險，必須做好自我壓力管理。

☑ 肩膀僵硬或是更年期都不是疾病，只要不要太在意老化現象，症狀便能不藥而癒。

☑ 想要預防失智症，就要進行一些能活化、刺激大腦的活動。假如只是強制的去做，便達不到效果。

☑ 要小心使用3C產品時的藍光，當你眼睛感到不適時，自行使用市售眼藥水是危險行為，請到眼科接受醫師診治。

☑ 每個人需要的睡眠時間都不同，當你無法熟睡時，可藉由調整枕頭或是搭配芳香療法讓你好眠，此外，要注意是否罹患了睡眠時無呼吸症候群。

編輯部整理

後記

長壽沒捷徑，每天累積最顧根本

以前有位超過八十歲的患者到我的醫院就診，她不安的說：「我老是覺得全身無力，很容易累……才出門一下子就要休息，否則身體就會不堪負荷，像這樣子是生病了嗎？」

當我為她診察時，覺得她並不是生病，雖然身體有多種不適的症狀，但只是上了年紀自然會有的現象。

這位患者說：「我想接受治療，看看能不能好轉。」所以我忍不住告訴她：「您有何不滿呢？您已經高齡八十歲，卻可以自己走來醫院看病，表達能力也很清楚，這樣不是很好嗎？如果不知足的話，或許哪天真的生病了。」

實際上，不只是這位高齡患者，現在有許多人都在追求「完美的健康」。只不過，或許沒有方法能真正讓人擁有完美的健康。由於現在電視和雜誌都一直傳播著這樣的觀念：「即使年紀大了，還是希望能毫無病痛。」於是當你看到健康的老人能抓著單槓轉圈，轉圈結束後還可以安穩著地，相較之下，自己做不到而感嘆「自己老了」，也是無可奈何的事。

不過事實上，老年人覺得身體各功能紛紛出現故障狀況，才是理所當然。任何人隨著年紀增長，或多或少都會罹患一兩種病，必須與疼痛或不適磨合，繼續活下去。一再追求完美健康的幻想，拚命吃營養補充品，或是一味深信保健方法，反而會變得不健康。要是你喜歡拿自己的狀況跟人比較，只會讓你感到更焦慮或沮喪。現在很多人正陷入這樣的惡性循環中。

只做必要的預防與檢查，其他就相信身體的免疫能力，每天對於自己現在擁有的體力、氣力懷抱感謝之意，才有可能朝著健康長壽之路邁進。

不要隨意相信未經查證的保健法，也不要亂吃保健食品，感謝現在擁有的健康，心平氣和地度過每一天，相信你也能辦到！

這才是擁有健康的捷徑。

國家圖書館出版品預行編目(CIP)資料

懂一點醫藥學，健康養生 50 年：連醫生都想知道的 35 個長壽祕訣！/ 秋津壽男著；黃瓊仙譯. -- 臺北市：大樂文化，2017.05
面；　公分. --（Power）
譯自：長生きするのはどっち?
ISBN 978-986-94581-0-8（平裝）

1.家庭醫學　2.保健常識
429　　106003651

Power 015

懂一點醫藥學，健康養生 50 年

連醫生都想知道的 35 個長壽祕訣！

作　　者／秋津壽男
譯　　者／黃瓊仙
封面設計／江慧雯
內頁排版／顏麟驊
責任編輯／簡孟羽
主　　編／皮海屏
圖書企劃／張硯甯
發行專員／張允謙
會計經理／陳碧蘭
發行經理／高世權、呂和儒
總編輯、總經理／蔡連壽

出 版 者／大樂文化有限公司（優渥誌）
台北市 100 衡陽路 20 號 3 樓
電話：(02)2389-8972
傳真：(02)2388-8286
詢問購書相關資訊請洽：2389-8972
郵政劃撥帳號／50211045　戶名／大樂文化有限公司

香港發行／豐達出版發行有限公司
地址：香港柴灣永泰道 70 號柴灣工業城 2 期 1805 室
電話：852-2172 6513　傳真：852-2172 4355

法律顧問／第一國際法律事務所余淑杏律師
印　　刷／韋懋實業有限公司

出版日期／2017 年 5 月 15 日
定　　價／260 元（缺頁或損毀的書，請寄回更換）
I S B N　978-986-94581-0-8

大樂文化

大樂文化